# 과학공화국 화학법정

9
음식과 화학

과학공화국 화학법정 9

음식과 화학



초판 1쇄 발행일 | 2008년 2월 11일
초판 18쇄 발행일 | 2022년 3월 31일

지은이 | 정완상
펴낸이 | 정은영
펴낸곳 | (주)자음과모음

출판등록 | 2001년 11월 28일 제2001-000259호
주소 | 10881 경기도 파주시 회동길 325-20
전화 | 편집부 (02)324-2347, 경영지원부 (02)325-6047
팩스 | 편집부 (02)324-2348, 경영지원부 (02)2648-1311
e-mail | jamoteen@jamobook.com

ISBN 978-89-544-1468-5 (04430)

# 과학공화국 화학법정

9
음식과 화학

정완상(국립 경상대학교 교수) 지음

(주)자음과모음

이 책을 읽기 전에

## 생활 속에서 배우는 기상천외한 과학 수업

처음 과학 법정 원고를 들고 출판사를 찾았던 때가 새삼스럽게 생각납니다. 당초 이렇게까지 장편 시리즈가 될 거라고는 상상도 못하고 단 한 권만이라도 생활 속 과학 이야기를 재미있게 담은 책을 낼 수 있었으면 하는 마음이었습니다. 그런 소박한 마음에서 출발한 '과학공화국 법정 시리즈'는 과목별 총 10편까지 50권이라는 방대한 분량으로 출간하게 되었습니다.

과학공화국! 물론 제가 만든 단어이긴 하지만 과학을 전공하고 과학을 사랑하는 한 사람으로서 너무나 멋진 이름입니다. 그리고 저는 이 공화국에서 벌어지는 많은 황당한 사건들을 과학의 여러 분야와 연결시키려는 노력을 끊임없이 하고 있습니다.

매번 여러 가지 에피소드를 만들어 내려다 보니 머리에 쥐가 날 때도 한두 번이 아니었고, 워낙 출판 일정이 빡빡하게 진행되는 관계로 힘들 때도 많았습니다. 적당한 권수에서 원고를 마칠까 하는 마음이 시시때때로 들곤 했지만 출판사에서는 이왕 시작한 시리즈인 만큼 각 과목마다 10편까지 총 50권으로 완성하자고 했고 저는 그 제안을 받아들이게 되었습니다.

많이 힘들었지만 보람은 있었습니다. 교과서 과학의 내용을 생활 속 에피소드에 녹여 저 나름대로 재판을 하면서 마치 제가 과학의 신이 된 듯 뿌듯하기도 했고, 상상의 나라인 과학공화국에서 즐거운 상상들을 펼칠 수 있어서 좋았습니다.

과학공화국 시리즈 덕분에 저는 많은 초등학생 그리고 학부모님들과 좋은 만남과 대화의 시간을 가질 수 있었습니다. 그리고 그분들이 저의 책을 재미있게 읽어 주고 과학을 점점 좋아하게 되는 모습을 지켜보며 좀 더 좋은 원고를 쓰고자 더욱 노력했습니다.

이 책을 내도록 용기와 격려를 아끼지 않은 (주)자음과모음의 강병철 사장님과 빡빡한 일정에도 좋은 시리즈를 만들기 위해서 함께 노력해 준 자음과모음의 모든 식구들, 그리고 진주에서 작업을 도와준 과학 창작 동아리 SCICOM의 식구들에게 감사를 드립니다.

진주에서

정완상

# 목차

판사

케미 변호사

# 화학법정의 탄생

과학공화국이라고 부르는 나라가 있었다. 이 나라는 과학을 좋아하는 사람들이 모여 살고 있었다. 과학공화국 인근에는 음악을 사랑하는 사람들이 사는 뮤지오공화국과 미술을 사랑하는 사람들이 사는 아티오공화국, 공업을 장려하는 공업공화국 등 여러 나라가 있었다.

과학공화국 사람들은 다른 나라 사람들에 비해 과학을 좋아했지만 과학의 범위가 넓어 물리를 좋아하는 사람이 있는가 하면 화학을 좋아하는 사람도 있었다.

특히 과학 중에서 환경과 밀접한 관련이 있는 화학의 경우 과학공화국의 명성에 걸맞지 않게 국민들의 수준이 그리 높은 편이 아니었다. 그래서 공업공화국 아이들과 과학공화국 아이들이 화학 시험을 치르면 오히려 공업공화국 아이들의 점수가 더 높게 나타나기도 했다.

최근에는 과학공화국 전체에 인터넷이 급속도로 퍼지면서 게임에 중독된 아이들의 화학 실력이 기준 이하로 떨어졌다. 그것은 아이들이 학습보다는 게임을 하면서 시간을 보내거나 직접 실험을 하지 않고 인터넷을 통해 모의 실험을 하기 때문이었다. 그러다 보니 화학 과외나 학원이 성행하게 되었고, 아이들에게 엉터리 내용을 가르치는 무자격 교사들도 우후죽순 나타나기 시작했다.

화학은 일상생활의 곳곳에서 만나게 되는데 과학공화국 국민들의 화학에 대한 이해가 떨어지면서 여기저기서 분쟁이 끊이지 않았다. 마침내 과학공화국의 박과학 대통령은 장관들과 이 문제를 논의하기 위해 회의를 열었다.

"최근의 화학 분쟁들을 어떻게 처리하면 좋겠소?"

대통령이 힘없이 말을 꺼냈다.

"헌법에 화학 부분을 추가하면 어떨까요?"

법무부 장관이 자신 있게 말했다.

"좀 약하지 않을까?"

대통령이 못마땅한 듯이 대답했다.

"그럼 화학으로 판결을 내리는 새로운 법정을 만들면 어떨까요?"

화학부 장관이 말했다.

"바로 그거야! 과학공화국답게 그런 법정이 있어야지. 그래, 화학법정을 만들면 되는 거야. 그리고 그 법정에서의 판례들을 신문에 게재하면 사람들이 더 이상 다투지 않고 자신의 잘못을 인정하게 될 거야."

대통령은 매우 흡족해했다.

"그럼 국회에서 새로운 화학법을 만들어야 하지 않습니까?"

법무부 장관이 약간 불만족스러운 듯한 표정으로 말했다.

"화학적인 현상은 우리가 직접 관찰할 수 있습니다. 방귀도 화학적인 현상이지요. 그것은 누가 관찰하건 간에 같은 현상으로 보이게 됩니다. 그러므로 화학법정에서는 새로운 법을 만들 필요가 없습니다. 혹시 새로운 화학 이론이 나온다면 모를까……."

화학부 장관이 법무부 장관의 말을 반박했다.

"나도 화학을 좋아하긴 하지만, 방귀는 왜 뀌게 되고 왜 그런 냄새가 나는지는 모르겠어. 그러니까 화학법정을 만들면 이 같은 궁금증을 보다 쉽게 해결할 수 있지 않을까요?"

대통령은 벌써 화학법정을 두기로 결정한 것 같았다. 이렇게 해서 과학공화국에는 화학적으로 판결하는 화학법정이 만들어지게 되었다.

초대 화학법정의 판사는 화학에 대한 책을 많이 쓴 화학짱 박사가 맡게 되었다. 그리고 두 명의 변호사를 선발했는데 한 사람은 대학에서 화학을 전공했지만 정작 화학에 대해서는 잘 알지 못하는 40대의 화치 변호사였고, 다른 한 사람은 어릴 때부터 화학 영재 교육을 받은 화학 천재 케미 변호사였다.

이렇게 해서 과학공화국 사람들 사이에서 벌어지는 화학과 관련된 많은 사건들이 화학법정의 판결을 통해 깨끗하게 마무리될 수 있었다.

# 제1장

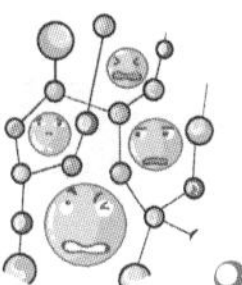

# 음료에 관한 사건

우유① – 우유 폭발

커피 – 커피 먼저 우유 먼저

우유② – 우유가 넘쳤어요

아이스크림 – 집에서 만드는 아이스크림

# 우유 폭발

우유를 전자레인지에 오래 돌리면 어떻게 될까요?

"더 자고 싶은데 아르바이트 때문에 늦잠도 못 자고."

아침마다 편의점 아르바이트를 하고 있는 한눈반해 양은 유난히 잠이 많았다. 대학생으로서 자기 용돈은 자기가 벌어보고 싶다는 생각에 아침 편의점 아르바이트를 시작한 것이었다. 하지만 아르바이트를 가려면 새벽에 일어나야 하기 때문에 한눈반해 양은 매일 아침마다 전쟁 아닌 전쟁을 치러야 했다. 그렇게 아직 반쯤 덜 뜬 눈으로 한눈반해 양은 편의점 계산대 앞에 서 있었다.

"하암, 어서 오……."

한눈반해 양은 길게 하품을 하다가 손님이 들어오는 소리에 인사를 했다. 그러나 그 손님의 얼굴을 보고서는 말을 이을 수가 없었다. 편의점에 누가 들어오는데, 주위에서 꼭 빛이 나는 것 같아서 처음에는 자세히 보이지가 않았다. 그런데 시간이 지나 자세히 보니 그 손님이 비록 옷은 이 추운 겨울에도 얇게 입고 있고, 신발도 오래 신었는지 더러웠지만, 얼굴만은 어느 누구 못지않은 외모를 가지고 있었다.

'우와! 원반이랑 장우성을 섞어 놓은 얼굴이야!'

한눈반해 양은 들어온 손님에게서 눈을 떼지 못하고 바라보고 있었다. 그 손님은 터벅터벅 걸어 들어와서는 빵 코너 앞에서 뒤적뒤적 빵을 고르고 있었다. 자세히 보니 가격표를 비교해 보는 중이었다. 한눈반해 양은 눈에 낀 눈곱도 떼지 않은 채 손님만 보고 있었다. 마침내 손님이 빵 하나를 집어 들고서 카운터 쪽으로 왔다. 한눈반해 양은 그제야 정신을 차렸다.

"얼마에요?"

짧은 말이었지만 목소리까지 꼭 정동건의 목소리 같았다. 손님의 목소리에 빠져 있던 한눈반해 양은 곧 정신을 차리고 바코드를 찍었다.

"450달란 입니다."

한눈반해 양은 일부러 아무렇지 않게 말했다. 생각해보니 이 빵은 가게에서 가장 싼 빵이었다. 옷차림새와, 가장 싼 빵을 골라 사는 걸 보니 이 손님은 조금 가난해 보였다. 그래도 한눈반해 양에게는 상관이 없었다. 잘생긴 얼굴과 정동건 목소리에 이미 빠져 있었던 것이다. 그 손님은 오십 원짜리와 십 원짜리를 모아서 빵값 450달란을 내고는 편의점 한쪽에 마련된 정수기로 가서 물을 마시면서 빵을 먹었다. 그날 이후 그 손님은 매일 아침을 먹으러 편의점에 들렀다.

"오늘도 그 손님이 오시겠지?"

항상 늦잠을 자던 한눈반해 양은 그 손님이 아침을 먹으러 온 이후로 매일 한 번도 지각하지 않고 편의점으로 갔다. 그리고 그 손님이 오는 시간만을 기다렸다.

"사장님, 오셨어요?"

"오늘 날씨가 많이 쌀쌀하네. 한눈반해 양도 감기 조심해."

"네, 그래야죠."

한눈반해 양은 가게에 온 사장님에게 인사를 했다. 한눈반해 양과 잠시 말을 나눈 사장님은 물건 수량 체크를 하기 위해서 창고로 갔고, 바깥 날씨가 많이 쌀쌀하다는 사장님 말에 한눈반해 양은 그 남자 손님이 걱정되었다.

'매일 그렇게 얇은 옷만 입고 다니면 추울 텐데!'

걱정이 앞선 한눈반해 양은 그 손님을 위해 특별한 것을 준비해 주고 싶었다. 한눈반해 양은 그 손님이 매일 차가운 정수기 물을 먹는 것을 기억해냈다.

"그래, 저렇게 차가운 정수기 물보다 따뜻한 우유랑 빵이랑 먹으면 몸이 좀 녹겠지?"

한눈반해 양은 추운 날씨에 따뜻하게 먹을 수 있도록 그 손님에게 우유를 데워서 주기로 했다. 그래서 사장님의 눈치를 살피면서 냉장고 안에 보관되어 있는 우유를 살며시 꺼냈다. 우유를 꺼낸 후 한눈반해 양은 무심코 버릇대로 냉장고 문을 세게 닫고 말았다.

"거기 무슨 일 있어?"

손님이 닫았다고 보기에는 유난히 큰 소리였기 때문에 사장은 창고 안에서 걱정이 된다는 듯 말했다. 가슴이 덜컹한 한눈반해 양은 서둘러 변명했다.

"아, 아니요. 바람이 불어서 문이 세게 닫혔나 봐요."

"알았어."

깊게 의심을 하지 않는 사장님의 반응에 한눈반해 양은 가슴을 쓸어내리고 한숨을 내쉬었다. 들킬까 봐 심장이 벌렁벌렁했다. 한눈반해 양은 평소에 자신이 물을 담아 먹는 컵에다가 우유를 부었다. 이번에는 혹시 졸졸졸 소리라도 날까 봐 사장님이 계신 쪽을 힐끔힐끔 보면서 조심스럽게 따랐다.

'이제 이걸 전자레인지에 돌리기만 하면 따뜻하게 되겠네.'

한눈반해 양은 전자레인지 안에 우유가 담긴 컵을 넣었다. 그리고 전자레인지를 작동시켰다. 그때 마침 문에 있는 방울이 딸랑거리면서 손님이 들어오는 소리가 들렸다. 한 여자 손님이 편의점으로 들어온 것이었다.

"어서 오세요."

손님이 들어오자 한눈반해 양은 얼른 카운터로 다시 들어갔다. 그리고 손님이 물건을 가져오기를 기다렸다. 그런데 그때였다.

"펑!"

마치 대포소리 같은 큰 소리에 한눈반해 양, 손님, 그리고 안에 있던 사장님까지 깜짝 놀라 소리 난 곳을 쳐다보았다. 소리가 난 곳은 전자레인지가 있는 쪽이었다.

"어머나!"

한눈반해 양은 전자레인지가 있는 쪽을 보고서 놀라지 않을 수가 없었다. 전자레인지가 폭발해 버린 것이었다. 그래서 전자레인지 문이 부서진 것은 물론이고 전자레인지 주위에 있는 모든 물건에 우유가 튀어있었다.

"누가 이랬어!"

사장님은 한순간에 우유로 난장판이 된 편의점을 보고서 소리쳤다. 한눈반해 양이 우물쭈물 거리면서 손을 들었다.

"아니, 어떻게 했기에 이렇게 된 거야?"

"저는 그냥 우유를 데우려고… …."

"데우려면 곱게 데울 것이지 편의점 안에 이게 무슨 꼴이야?"

진열되어 있는 물건에 모두 우유가 튀어서 더 이상 손님에게 팔 수 없게 된 물건들도 많았다. 그 모습을 본 사장님은 화가 날 수밖에 없었다. 사장님은 화를 참지 못하고 한눈반해 양에게 말했다.

"자네는 해고일세!"

"해고요? 저는 그냥 우유를 데우려는 것뿐이었습니다."

"이 꼴을 보고서도 그런 소리가 나오는가? 자넨 해고야!"

"그러시는 게 어디 있습니까! 그러면 저도 사장님을 부당한 이유로 직원을 해고한 사장으로 고소하겠어요!"

가게를 엉망으로 만들어 놨다는 이유만으로 해고당한 한눈반해 양은 사장을 화학법정에 고소했다. 자신이 고의로 그런 것도 아니었기 때문이다.

전자레인지는 특정 부분을 특별히 더 가열하기 때문에, 우유의 경우 1~2분 이상 데우면 전자레인지가 폭발할 수도 있습니다.

**우유가 든 컵을 전자레인지에 넣으면 왜 펑하고 폭발음이 날까요?**

화학법정에서 알아봅시다.

 재판을 시작하겠습니다. 원고 측 변론하세요.

 피고는 원고를 부당한 이유로 해고하였습니다. 원고가 피고의 편의점에서 근무하는 동안 근무시간도 잘 지켰고, 이번 사건 이외에는 어떤 조그마한 잘못도 한 적이 없습니다. 그런데 전자레인지에 우유를 돌리다가 전자레인지가 폭발했다는 이유만으로 그 자리에서 원고를 해고시켰지요. 원고 측의 말에 따르면 추운 날씨에 차가운 우유를 데우기 위해 전자레인지에 넣고 돌렸을 뿐이라고 했습니다. 원래 전자레인지는 차가운 음식을 데우기 위한 용도로 사용되는 것이므로 기계의 사용법대로 사용을 한 것입니다. 그럼에도 제대로 작동하지 못하고 폭발해버린 것은 전자레인지의 결함일 뿐이지요. 음식을 데우는 기계에 음식을 넣고 데웠으니 전자레인지가 폭발하여 편의점의 다른 상품에 피해가 갈 줄은 몰랐을 것입니다. 기계의 결함으로 인한 사고인데 피고가 그 책임을 원고에게 물어 원고를 해고시키는 것은 부당하다는 것이 저희의 주장입니다.

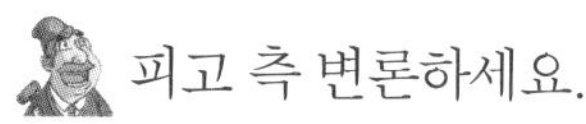

피고 측 변론하세요.

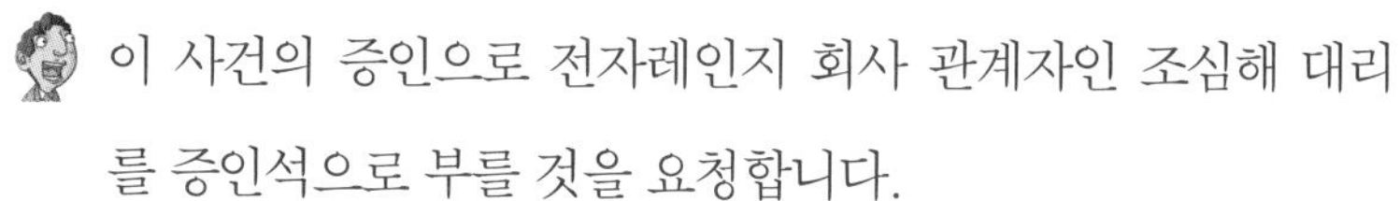

이 사건의 증인으로 전자레인지 회사 관계자인 조심해 대리를 증인석으로 부를 것을 요청합니다.

겉보기에 비리비리하고 안경을 쓴 한 30대 중반의 남성이 증인석으로 나왔다.

증인이 하는 일을 간단히 설명해 주세요.

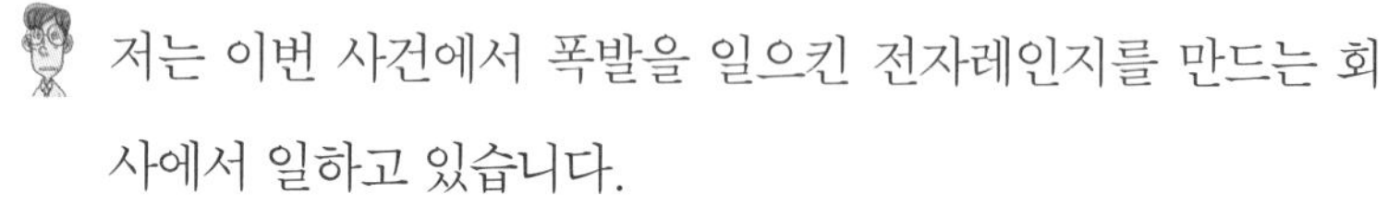

저는 이번 사건에서 폭발을 일으킨 전자레인지를 만드는 회사에서 일하고 있습니다.

이번 폭발 사고의 원인이 무엇이라 생각하십니까?

가열시간이 문제였던 것 같습니다.

가열시간이 문제라는 것은, 정확히 무엇을 말하는 것입니까?

우유를 데울 때는 1~2분을 넘기지 않아야 합니다. 그렇지 않으면 이 사건처럼 전자레인지가 폭발해 버리고 말지요.

전자레인지는 음식물을 데우는 기계인데, 오래 작동하면 그만큼 더 따뜻해지지 않나요?

그렇지 않습니다. 전자레인지는 음식물을 골고루 데우기보다는 어느 특정 부분을 특별히 더 가열하는 것입니다. 이것이 전자레인지의 단점이라면 단점입니다. 그래서 전자레인지 속의 접시가 돌아가는 것입니다. 이 단점을 조금이나마 만회해

보려는 노력이지요.

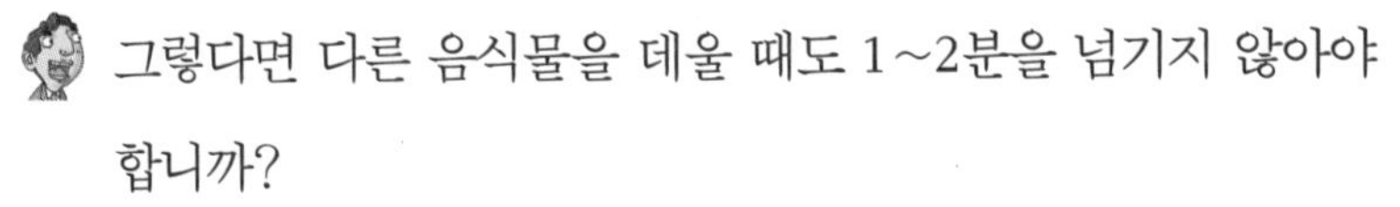

그렇다면 다른 음식물을 데울 때도 1~2분을 넘기지 않아야 합니까?

그렇지는 않습니다. 우유를 데울 경우에는 아까 말했듯이 불안정한 가열이 더욱 심화되어 작동 시간이 오래 가면 갈수록 더 위험해지는 것입니다. 다른 음식물들은 또 거기에 맞는 작동 시간이 있습니다.

그렇다면 우유는 1~2분을 넘기지 않고 돌려야 따뜻하게 먹을 수 있는 것이군요?

그렇습니다. 거기에 한 가지를 덧붙이자면 우유를 전자레인지에서 꺼낸 뒤 곧바로 우유에 설탕을 넣으면 안 됩니다.

그것은 어째서입니까?

그 이유는 구석구석 데워지지 않은 우유에 설탕을 넣게 되면, 설탕 알갱이 주위로 과도하게 뜨거워진 우유 거품들이 모여들면서 컵 바깥으로 펑 소리를 내며 튀어나오게 되기 때문입니다. 잘못하면 화상을 입을 수도 있습니다. 그러므로 전자레인지에서 꺼내서 1분 정도 열이 식기를 기다린 후에 설탕을 넣는 것이 안전합니다.

판사님, 이번 사건은 전자레인지에 음식물을 데우는 데도 적정 시간이 있다는 것을 모르고, 시간 조절 없이 무조건 사용했던 원고의 기계 사용의 미숙함에서 비롯된 것입니다. 따라서 기계에 결함이 있다고 주장한 원고 측의 말은 사실이 아닙니다. 오히려 업무에 필요한 기계를 잘 다루지 못한 원고의 잘못된 기계 사용이 사고를 불러온 것으로 볼 수 있습니다. 그러므로 원고에 대한 피고의 해고는 결코 부당하지 않은 결정이라고 주장합니다.
또한 사람들이 음식물을 데우는 데 전자레인지를 많이 사용하지만, 전자레인지의 작동 원리나 음식물에 따른 전자레인지의 적정 사용 시간을 제대로 알지 못하고 있습니다. 그러므로 이러한 사고가 또 다시 일어나지 않게 전자레인지 사용의 주의사항을 사용자들에게 널리 알려야 할 필요가 있다고 말씀드립니다.

판결하겠습니다. 전자레인지는 주로 음식물을 데우는 데 많이 사용됩니다. 하지만 전자레인지는 음식물을 골고루 데우기보다 어느 부분만을 특별히 더 가열하는 것으로, 우유와 같은 액체를 데울 때는 그 불안정한 가열이 더욱 위험한 상황을 초래할 수 있습니다. 따라서 우유를 데울 때는 데우는 시간을 1~2분 이상 넘기지 않아야 합니다. 그 사실을 모르고 적정 시간 이상을 작동시킨 원고에게 전자레인지 폭발의 책임이 있다는 피고 측의 주장이 일리는 있다고 생각합니다. 그러나 피고인은 원고에게 아르바이트를 시키기 이전에, 그러한 점에 대해서 미리 알려주었어야 할 의무가 있었

는데도 그렇게 하지 못했습니다. 그러므로 이 사건은 쌍방 모두에게 책임이 있다고 판결합니다.

재판 후 다행히도 사장님은 한눈반해 양을 해고하지 않았고, 대신 그 날 사고로 인해 엉망이 된 편의점의 청소는 한눈반해 양이 혼자서 다 해야만 했다.

그리고 며칠이 지난 후 편의점에 놓인 새로운 전자레인지 앞에는 이런 문구가 쓰여있었다.

'우유는 1~2분만 돌립시다!'

가열

어떤 물체에 열을 공급하는 것을 가열이라고 한다. 물체가 가열되면 공급된 열에너지가 물체를 이루는 분자들의 운동에너지로 바뀌어 분자들의 운동이 활발해지므로 물체의 온도가 올라가게 된다.

# 커피 먼저 우유 먼저

카페라테를 만들 때 커피를 먼저 넣을까요, 우유를 먼저 넣을까요?

"이번에는 무슨 커피를 사볼까?"

커피를 유난히 좋아하는 커피사랑 씨는 하루에도 몇 잔씩 커피를 마실 정도로 커피 향과 커피 맛을 좋아했다. 그래서 일주일에 한 번은 꼭 커피를 사러 마트에 가야 했는데, 갈 때마다 어떤 커피를 살까 고민이었다. 시중의 커피들은 대부분 먹어 본 것이었기 때문이다.

"이 커피도 먹어 봤고, 저 커피도 먹어 봤고. 뭔가 새로운 맛이 없나?"

커피사랑 씨는 항상 커피가 진열된 곳 앞에서 어떤 걸 또 먹어야할지 고민하는 일이 당연하게 느껴질 정도로 잦았다. 그는 대부분의 커피를 먹어 봤기 때문에 언제나 새로운 커피 맛을 원했다.

"이 세상에는 분명히 많은 커피들이 있을 텐데……."

커피사랑 씨는 마시는 커피가 항상 마트에서 사는 커피로 한정되어 있다 보니 새로운 커피를 마셔 보고 싶은 생각이 들었다. 그래서 결국 커피사랑 씨는 직접 독특하고 새로운 커피 맛을 찾아다니기로 했다.

"그래, 내가 직접 찾아다니면서 새로운 커피 맛을 찾아내겠어!"

커피사랑 씨는 커피 맛을 찾아다니기 위해 전국을 돌아다니기로 했다. 여기저기 다니면서 전국의 모든 커피를 마셔 보는 것을 목표로 삼고 일명 커피여행을 시작했다. 그러나 시작부터 일이 잘 풀리지 않았다. 그것은 커피사랑 씨가 길을 잘 잃어버리는 길치였기 때문이다.

"분명 이리로 가면 모카 도시가 나온다고 했는데?"

모카 도시는 커피가 맛있기로 소문난 도시였다. TV에서도 여러 번 방송될 정도로 유명한 도시여서 커피사랑 씨는 첫 여행 장소를 모카 도시로 잡았다. 하지만 아무리 지도를 따라가도 모카 도시는 나오지 않았다. 커피사랑 씨는 차를 몰고 모카 도시 주위를 빙빙 돌다가 길을 잘못 들어 시골 마을까지 가게 되었다.

"여기는 어디야? 거름냄새가 나는 걸 보니 시골 마을인가 본데, 여기까지 와 버렸네."

울퉁불퉁 비포장도로를 지나면서 커피사랑 씨는 시골 마을에서

벗어나려고 했지만, 워낙에 길치인지라 나오는 길인 줄 알고 들어선 길이 마을 안으로 더 깊이 들어가는 길이었다. 그래서 결국 커피사랑 씨는 집들이 옹기종기 모여 있는 마을 안까지 들어가게 되었다.

"할 수 없군. 여기서 잠시 숨 좀 돌리고 갈 수밖에."

시간도 많이 지났고 어차피 길도 물어봐야 할 것 같아서 커피사랑 씨는 차를 세우고 밖으로 나왔다. 나오는 순간부터 거름 냄새가 커피사랑 씨의 코를 찔렀다.

"아앗, 여기는 소똥 냄새밖에 안 나는군. 저기 가게들이 있는 곳에나 가볼까?"

커피사랑 씨는 조그마한 가게들이 몇 개 모여 있는 쪽으로 걸어갔다. 이 시골에 커피를 파는 곳은 없을 거란 생각에 커피는 포기하고, 배가 출출했던 참이라 식당에서 밥이라도 먹을까 하는 생각이었다. 그런데 그 가게들 중에서 〈나팔꽃 카페〉라는 간판이 눈에 띄었다. 카페라면 분명 커피를 파는 곳이기 때문이었다. 시골 풍경과 어울리면서도 세련된 가게였다.

"이런 시골에도 카페가 있네?"

커피사랑 씨가 카페에 막 들어가려고 할 때 어떤 남자 두 사람이 카페에서 나왔다.

"커피를 눈앞에서 만들어주니깐 신기하던데?"

"난 그것보다 주인여자가 더 맘에 들더라."

커피사랑 씨는 커피를 눈앞에서 만들어준다는 말에 더 호기심을 가지고 카페 안으로 들어갔다. 아까까지만 해도 거름 냄새로 코가 얼얼했는데, 카페에 들어서자마자 풍겨오는 커피 향이 마비될 것만 같던 코를 녹여 주는 느낌이었다. 그만큼 향기로운 커피 향기가 커피사랑 씨 주위를 휘감았다.

"어서 오세요."

스푼으로 커피를 젓고 있던, 주인으로 보이는 여자가 커피사랑 씨에게 인사를 했다. 아까 남자들이 카페를 나가면서 했던 말처럼 주인은 하늘거리는 긴 생머리를 가진 아름다운 여자였다. 커피사랑 씨는 빈 테이블에 앉아서 카페라테를 시켰다.

"카페라테를 시키시는 거 보니 커피 드실 줄 아는 분이신가 봐요."

주문을 받고서 주인여자는 살짝 웃음을 지으며 커피를 준비하러 갔다. 기다리는 동안 커피사랑 씨는 가게를 둘러보았다. 전혀 촌스럽지 않은 인테리어에 은은한 커피향이 잘 어울리는 곳이었다. 그리고 무엇보다도 주인의 서비스가 좋은 것 같았다. 그때 여주인이 머리를 쓸어 넘기며 빈 잔과 우유, 커피를 담은 쟁반을 들고 왔다.

"저희 가게에서는 주문받은 커피를 만드는 과정을 손님들께 직접 보여드리고 있습니다."

보통은 다 완성된 커피를 들고 오는데 이곳은 특이하다고 생각하며 커피사랑 씨는 여주인이 커피를 만드는 모습을 지켜보았다.

여주인은 일단 테이블 위에 티슈를 올려 놓고 쟁반에서 깨끗한 빈 잔을 꺼내 티슈 위에 올려 놓았다. 그러면서 여주인은 어색한 분위기를 없애기 위해 커피사랑 씨에게 말을 걸었다.

"다른 지역에서 오셨나 봐요."

"아, 네. 여행 중에 잠시 들렀습니다."

"그러시군요."

커피사랑 씨는 창피해서 차마 길을 잘못 들어 여기에 왔다는 소리는 하지 않았다. 그리고는 바로 커피를 쳐다봤다. 바로 앞에 놓여있는 커피에서 흘러 나오는 커피 향이 아주 좋았다. 여주인은 먼저 조심스럽게 커피를 들어서 컵에 부었다. 그때 커피 향을 맡느라 조용하던 커피사랑 씨가 갑자기 말했다.

"왜 커피부터 부어요?"

"네? 왜요?"

"우유를 먼저 붓고 커피를 따라야죠."

커피사랑 씨는 여주인에게 타이르듯 가르쳐줬고, 카페에서 계속 커피를 팔아온 여주인은 무슨 이런 손님이 있냐는 눈빛으로 커피사랑 씨를 쳐다봤다.

"우유를 먼저 붓든 커피를 먼저 붓든 그게 무슨 상관이 있어요?"

"먼저 우유를 부어야 하는 거예요."

카페 주인으로서 손님에게 이런 대접을 받는다는 것이 화가 났고 커피사랑 씨가 괜한 것에 딴죽을 걸었다고 생각했다. 그래서 여주인은 조용히 넘어갈 수가 없었다.

"난 그냥 내가 만드는 식으로 만들 거예요!"

여주인의 큰 소리에 옆 테이블에서 커피를 마시고 있던 손님이 놀라서 쳐다보았지만 여전히 화가 난 듯 붉게 달아오른 카페 여주인의 얼굴은 식을 줄을 몰랐다. 커피사랑 씨와 카페 주인은 서로의 의견을 굽히지 않았고, 결국 화학법정에 판결을 맡기기로 했다.

뜨거운 커피에 우유를 따르면 우유가 가진 고유의 성질이 변하는 변성이 일어나게 됩니다.

**커피에 우유를 부어야 할까요,**
**우유에 커피를 부어야 할까요?**
화학법정에서 알아봅시다.

 재판을 시작하겠습니다. 원고 측 변론하세요.

 피고 측은 카페의 주인인 원고에게 커피를 만드는 순서가 잘못 되었다고 큰 소리로 말해 커피를 마시고 있던 다른 손님들에게 피해를 주었습니다. 원래 원고는 카페라테를 만들 때 커피를 먼저 붓고 우유를 부었는데, 이것이 잘못되었다며 우유를 먼저 부어야 한다고 원고에게 쓴소리를 한 것이지요. 사실 카페라테를 만들 때 우유를 먼저 붓든지, 커피를 먼저 붓든지 그것은 개인의 차이일 뿐이지 맛에는 아무 상관이 없습니다. 그런데 피고 측의 무언가 크게 잘못 되었다는 듯한 질책 때문에 카페에 있던 손님들이 다들 맛없는 커피를 먹게 되었다고 불쾌해 했지요. 이는 엄연한 영업 방해이며, 오랫동안 카페를 해 온 원고의 명예를 훼손하는 일이므로 피고는 원고에게 사과를 하고, 카페 손님들에게 잘못된 것이 아님을 설명해야 한다고 주장합니다.

 피고 측 변론하세요.

 판사님, 커피 체인점의 본사 기획 이사인 커피천재 이사를 증

인으로 요청합니다.

키가 크고 날카로운 인상을 가진 30대 남성이 증인석으로 나왔다.

 증인이 하는 일을 간단히 설명해 주세요.

 저는 헬로우 커피의 본사에서 기획을 담당하고 있는 사람입니다. 체인점에 들어가는 커피의 종류나 재료들의 총 기획을 맡고 있습니다.

 이번 사건의 원인이 무엇이라고 생각하십니까?

 카페라테를 만들 때 어떤 재료를 우선으로 넣어야 하느냐의 문제겠지요. 즉, 커피를 먼저 따르고 그 뒤에 우유를 부을 것이냐, 아니면 우유를 먼저 따르고 커피를 부을 것이냐의 문제지요.

 네, 맞습니다. 증인은 어떤 방법이 옳은 방법이라 생각하십니까?

 우선 결론부터 말씀드리자면 우유를 먼저 따르고 커피를 나중에 따르는 방법이 좋지요. 저희 지점들에서도 모두 그 방법을 택하고 있고요.

 커피와 우유를 넣는 순서에 따라 다른 점이 있나요?

 물론입니다. 커피 맛은 커피에 우유를 따르느냐 아니면 우유

에 커피를 따르느냐에 따라 달라져요. 왜냐면 각각의 경우에 일어나는 화학 반응이 다르기 때문이죠. 이때 커피 잔 안에서는 '변성' 과 '유화' 라는 두 가지 화학 반응이 일어날 수 있는데, 이것이 우유의 단백질 부분에 각각 다른 방식으로 영향을 줍니다.

좀 더 자세히 설명해 주시겠습니까?

우유를 커피에 따르면 끓인 우유처럼 우유에 변성이 일어납니다. 변성이란 우유가 가진 고유의 성질이 변하는 것을 말하지요. 이것을 피하려면 우유를 먼저 따르고 커피를 나중에 따라야 하지요. 그래서 저희 지점에서도 우유를 먼저, 커피를 나중에 따르는 순서로 카페라테를 만들고 있습니다.

그렇군요. 우유 고유의 맛을 파괴하지 않으려면 우유를 먼저 따라야 하는군요.

판결하겠습니다. 카페라테는 우유와 커피의 완벽한 조화입니다. 다른 커피와 달리 카페라테에서는 우유의 역할이 중요하다고 인정되는 바, 맛에 대한 사람들 각자의 취향은 고려하지 않고 오로지 화학적으로 물질의 성질이 변하는가 변하지 않는가에 대한 문제에만 초점을 맞추어 판결하겠습니다. 그러므로 카페라테에서는 우유의 성질이 변하지 않게 만들 수 있는 ' 우유 먼저 커피 나중' 방식이 화학적으로 물질의 변화를

최소화하여 손님에게 우유와 커피의 맛을 동시에 느끼게 하는 방법이라고 판결합니다.

이 재판이 끝난 후 과학을 사랑하는 과학공화국의 국민들은 우유의 성질이 변하지 않는 카페라테 제조법을 선호했으며 대부분의 커피숍에서 우유를 먼저 넣고 나중에 커피를 붓는 방법으로 카페라테가 만들어졌다.

단백질

인간의 몸에 필요한 3대 기본영양소는 탄수화물, 단백질, 지방이다. 이 중 단백질은 탄소, 수소, 질소, 산소의 유기화합물로 입안의 침에 의해서는 분해되지 않고 위 속의 펩신이라는 소화효소에 의해 분해된다.

# 우유가 넘쳤어요

가스레인지에 우유를 오랫동안 끓이면 어떻게 될까요?

집이 좀 산다고 하는 사람들만 모인 부자 동네에서 남편의 지극한 사랑을 받으며 호사스럽게 공주처럼 사는 한깔끔이라는 주부가 있었다. 한깔끔 씨는 과학공화국의 권위 있는 귀족이며 순수한 혈통으로, 어릴 때부터 부모의 관심 속에서 자랐고 결혼을 하고서도 남편의 헌신적인 사랑을 받으며 생활하고 있었다. 그러던 어느 날 한깔끔 씨 부부는 백화점에 쇼핑을 하러 갔다.

"어머, 저 카펫 너무 예쁘다!"

가정용품을 파는 층에서 물건들을 구경하다가 카펫 매장 앞에 멈춰 선 한깔끔 씨가 남편에게 말했다. 진열되어 있는 카펫은 금색 새가 날아가고 있는 무늬가 수놓인, 한눈에도 고급스러워 보이는 카펫이었다.

"카펫 보실 줄 아시네요. 이게 모두 금으로 수놓여 있는 거예요. 참 고급스럽죠?"

"정말 이게 금이에요? 어쩜, 그래서 그렇게 멀리서도 빛이 났구나."

한깔끔 씨는 그 카펫 앞을 떠날 줄 모르고 계속 이리저리 쳐다보고 만져봤다. 그리고는 점원에게 카펫이 얼마인지 물었다. 이 카펫이 한깔끔 씨의 마음에 쏙 들어서 꼭 사고 싶었기 때문이다.

"이 카펫은 4만 달란입니다."

방긋 웃으면서 말하는 점원과 달리 그 소리를 들은 남편의 얼굴은 곧 울 것만 같았다. 하지만 남편의 얼굴을 봤는지 안 봤는지 한깔끔 씨는 바로 남편에게 말했다.

"여보, 이거 사자."

"그래, 우리 아내가 원하는 거니깐. 사자."

"아, 이거 주방까지 깔자. 그러려면 2개 필요하겠다. 괜찮지? 사랑하는 여보."

워낙 한깔끔 씨의 말이라면 다 들어주는 남편이라, 비싼 돈에도 불구하고 카펫을 샀다. 게다가 한깔끔 씨가 이 카펫을 아주 마음에 들어했기 때문에 주방 바닥까지도 깔 수 있게 넉넉히 샀다. 그렇게 카펫을 거실에서부터 주방 바닥까지 깔아놓으니 한깔끔 씨는 마음이 뿌듯했다.

"여보, 이거 정말 잘 산 것 같아."

"그래? 우리 아내 마음에 들었으니 다행이네."

소파에 앉아 여유롭게 과일을 먹던 그녀가 뿌듯해하면서 말했다. 그리고 그때 남편이 포도를 집다가 실수로 카펫 위에 떨어뜨렸다. 보라색 포도가 통통통 소리를 내며 카펫 위를 굴러다녔다.

"어머! 지금 당신 이 카펫에 과일 흘린 거야?"

한깔끔 씨는 이름답게 항상 깔끔해야만 하는 약간의 결벽증을 가지고 있었다. 그런 성격 때문에 뭐든 더러워지거나 질서가 맞지 않는 걸 싫어했다. 그래서 항상 집에 청소하는 가사 도우미를 쓸 정도였다. 그런데 지금 남편이 그녀가 아끼는 카펫에 과일을 흘린 것이다.

"아, 그게……포도가 굴러가 버리네."

"포도에 발이 달려서 혼자 굴러간 거야? 아주머니! 와서 여기 좀 깨끗하게 닦아주세요!"

포도 하나 흘린 걸로 미안해하는 남편을 뒤로 하고 한깔끔 씨는 부엌에 있던 가사 도우미 집일잘해 씨를 불렀다. 그리고 카펫에 얼룩이 지지 않도록 부탁했다. 집일잘해 씨는 세제와 수건을 들고 와 카펫을 정리했다.

"역시, 집일잘해 씨가 이렇게 해 주시면 얼룩이 안 생기더라고요."

한깔끔 씨는 이제야 한숨 놓은 듯 다시 카펫을 보며 과일을 먹기 시작했다. 대신에 과일을 하나하나 포크로 조심히 집어 입으로 들어갈 때까지 흘리지 않도록 접시로 받쳐 먹고 있었다. 그 모습을 보고 있던 남편이 미안했는지 한깔끔 씨에게 말했다.

"여보, 따뜻한 우유 데워줄까?"

"우유? 응. 따뜻한 우유 얘기하니깐 먹고 싶네."

"내가 금방 데워줄게."

"아니야, 당신이 하면 또 카펫에 흘릴까봐 안 되겠어. 아줌마에게 부탁해 줘."

한깔끔 씨는 남편이 아까 포도를 흘린 것처럼 우유를 카펫에 쏟을까봐 아줌마에게 부탁했다.

"아줌마, 우유 좀 데워주세요."

"네."

부엌에 있던 집일잘해 씨는 냉장고를 열어 우유를 꺼냈다. 그리고 냄비에 큰 우유의 반을 부었다. 워낙 뭐든 잘 먹는 한깔끔 씨였기 때문에 한 번 할 때 많이 하는 게 거의 버릇이 되어 있었다. 집일잘해 씨는 냄비에 담은 우유를 따뜻하게 데우기 위해 가스레인지에 올려놓았다.

"오늘도 하루 종일 쓸고 닦고 해서 그런지 잠이 오네……."

한깔끔 씨의 집에 들어온 이상 항상 깨끗한 상태를 유지해야하기 때문에 남들보다 청소를 두 배로 해야 하는 집일잘해 씨는 항상 피곤했다.

"우유가 데워질 때까지만 눈 좀 붙이고 있어야지."

결국 집일잘해 씨는 싱크대에 기대어 졸기 시작했고 얼마의 시간이 흘렀다. 꾸벅꾸벅 몇 번 졸다가 깬 집일잘해 씨는 깜짝 놀랐다. 우유가 냄비에서 넘쳐 주위가 엉망이 된 것이다.

"아이고, 이를 어쩐담."

냄비에서 넘친 우유는 싱크대는 물론 바닥의 카펫까지 흘러서 부엌에 우유 냄새가 진동을 하고 있었다. 그때 마침 한깔끔 씨가 집일잘해 씨를 불렀다.

"아줌마, 우유 멀었어요?"

"아, 저……."

집일잘해 씨는 일단 치워보려고 싱크대와 가스레인지 쪽의 우유를 닦아 냈다. 하지만 제일 큰 문제는 카펫에 스며든 우유였다. 집일잘해 씨가 우유가 스며든 카펫에 손을 써 보기도 전에 한깔끔 씨가 부엌으로 왔다. 그리고 우유가 데워졌는지 확인하러 온 한깔끔 씨의 눈에 그 카펫이 보였다.

"어머! 어머!"

한깔끔 씨는 축축이 젖어있는 카펫을 보자마자 소리를 지르며 카펫에서 우유를 털어 내려고 했다. 하지만 깊숙이 스며든 우유는 카펫 속에서 우유 냄새를 풍기며 빠져나올 생각을 하지 않았다.

"아줌마! 제가 이 카펫 얼마나 아끼는지 잘 아시잖아요."

"그게, 잠깐 졸다 보니 이렇게 넘쳐 버렸어."

"가스레인지에 뭐 올려놓고 조시면 어떡해요?"

"요즘 피곤해서… …."

집일잘해 씨는 미안해하며 한깔끔 씨를 쳐다봤다. 하지만 한깔끔 씨는 단호해 보였다. 자신이 제일 아끼는 카펫에 우유를 부어 버렸으니 한깔끔 씨 성격에 그냥 넘어가지만은 않을 것 같았다.

"물어내세요!"

"네? 뭐라고요?"

"이 카펫 물어내시라고요! 산 지도 얼마 안 된 건데 우유 범벅이 됐잖아요."

"아니, 우유 조금 흘렸다고 나보고 물어내라는 건 말도 안 되지. 이게 한두 푼 하는 것도 아니고."

"그래도 아줌마 때문에 카펫을 버리게 됐잖아요!"

"우유가 넘칠 줄 누가 알았나?"

카펫을 물어달라는 한깔끔 씨와 그렇게는 못하겠다는 집일잘해 씨 모두 의견을 굽히지 않았다. 결국 화가 난 한깔끔 씨는 카펫을 물어줄 수 없다는 가사 도우미를 화학법정에 고소했다.

우유를 끓일 때 우유의 단백질과 표면장력 때문에 거품이 많이 일어나고, 또 거품이 쉽게 사라지지 않으므로 조심하지 않으면 끓어 넘치게 됩니다.

**우유를 데울 때, 자칫하면 우유가 넘쳐 주위가 엉망이 되는 까닭은 무엇일까요?**

화학법정에서 알아봅시다.

 재판을 시작합니다. 피고 측 먼저 변론해 주십시오.

 원고는 피고인에게 우유를 따뜻하게 데워 줄 것을 부탁했습니다. 그래서 피고는 우유를 데우느라 냄비에 우유를 붓고 가스레인지에 올렸고, 잠시 쉬는 동안 그 우유가 넘쳐 카펫을 적셨습니다. 그러자 원고는 피고에게 카펫 값을 물어내라고 했습니다. 하지만 그 카펫은 굉장히 비싼 것이므로 피고의 입장에서는 그것을 물어 줄 만큼의 경제적 능력이 되지 않습니다. 그런데다 아주 잠시 쉬고 왔을 뿐인데 끓어 넘친 것은 냄비에 이상이 있다고 생각됩니다. 센 불에 한 것도 아니고 약한 불에 잠깐 데웠을 뿐인데 모두 끓어 넘친 것은 냄비가 이상해서 그런 것이라고 생각합니다. 냄비는 피고가 산 것이 아니므로, 피고는 원고의 카펫을 물어낼 수 없음을 주장합니다.

 원고 측 변론해주세요.

 우유 회사의 우유좋아 사장님을 증인으로 요청합니다.

얼굴빛이 우유처럼 하얀 40대 여성이 증인석으로 나왔다.

 증인은 우유에 대해 잘 아는 사람이지요?

 그렇습니다. 저는 10년 전부터 우유를 만들어 팔고 있어요. 우유에 대해서는 거의 모르는 게 없답니다.

 그렇군요. 증인은 이번 사건의 문제가 냄비에 있다고 생각하십니까?

 글쎄요, 그건 아닌 것 같네요.

 이번 사건의 원인이 무엇이라 생각하십니까?

 우유의 특성상의 문제인 것 같네요. 우유를 가스레인지에 데우면 넘칠 수 있는 건 당연해요. 그러니까 조심히 살펴보지 않은 것이 잘못이지요.

 왜 우유가 넘치는 것입니까?

 우선, 우유에는 좋은 영양분이 가득 들어 있다는 사실을 알아야 해요. 우유는 비타민과 몸의 성장에 필요한 지방, 그리고 끓어오르는 것과 깊은 관계가 있는 단백질이 들어 있어요. 그 중 단백질은 기다란 분자로 이루어져 있는데, 그 안에는 세포의 기본 구성 요소인 아미노산이 포함되어 있죠. 우유를 가열하면 이 단백질 분자가 쫙 펼쳐지면서 우유 속에서 솟아 오르는 기포를 둘러싸요. 그러면 기포가 물속에서처럼 빨리 탈출

하지 못하게 되기 때문에, 달리 갈 데가 없는 많은 기포가 펄펄 끓어오르면서 냄비 밖으로 넘치게 되는 거죠. 이건 우유가 영양분이 많기 때문이에요. 우유가 영양분이 풍부한 식품이 아니라면, 이렇게 난장판이 벌어지는 일은 없을 거예요.

그렇군요. 우유의 단백질 때문에 일어난 일이군요.

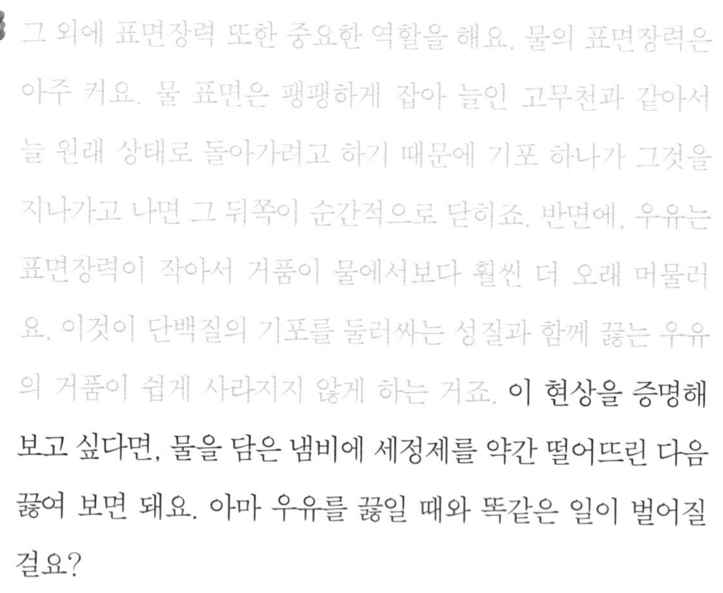

그 외에 표면장력 또한 중요한 역할을 해요. 물의 표면장력은 아주 커요. 물 표면은 팽팽하게 잡아 늘인 고무천과 같아서 늘 원래 상태로 돌아가려고 하기 때문에 기포 하나가 그것을 지나가고 나면 그 뒤쪽이 순간적으로 닫히죠. 반면에, 우유는 표면장력이 작아서 거품이 물에서보다 훨씬 더 오래 머물러요. 이것이 단백질의 기포를 둘러싸는 성질과 함께 끓는 우유의 거품이 쉽게 사라지지 않게 하는 거죠. 이 현상을 증명해 보고 싶다면, 물을 담은 냄비에 세정제를 약간 떨어뜨린 다음 끓여 보면 돼요. 아마 우유를 끓일 때와 똑같은 일이 벌어질 걸요?

네, 잘 알았습니다. 판사님, 이번 사건은 우유를 끓인 냄비의 문제가 아니라 우유의 단백질과 표면장력 때문에 일어난 것입니다. 우유의 단백질과 표면장력 때문에 거품이 일어나게 되고, 또 거품이 쉽게 사라지지 않아 우유가 냄비에서 끓어 넘치게 된 것입니다. 따라서 이는 우유를 데울 때 주변에서 관찰하지 못한 피고의 잘못이므로 피고는 원고의 요구대로 피고의

카펫을 배상해야 합니다. 피고에게 원고의 피해를 보상할 것을 주장합니다.

판결합니다. 많은 사람들이 알고 있듯이 우유에는 좋은 영양분이 가득합니다. 하지만 그 영양분들 때문에 우유를 데울 때 끓어 넘치는 일이 생기기도 합니다. 그렇기 때문에 우유를 데울 때는 짧은 시간 안에 뜨겁지 않게 데우며, 데우는 동안은 냄비의 우유가 끓어 넘치지 않게 관찰해야 합니다. 그러나 피고는 그렇게 하지 못했으므로 이번 사건의 과실은 피고에게 있다고 생각됩니다. 그러므로 피고는 원고의 카펫을 배상해야 하나, 현재 피고는 비싼 카펫을 배상할 능력이 없으므로 카펫을 깨끗이 치워 주고 천천히 배상하도록 판결합니다.

재판 후 한깔끔 씨는 집일잘해 씨가 워낙 일을 잘 하는 사람이기에 집일잘해 씨에게 카펫은 배상하지 않아도 된다고 했고, 대신 카펫을 깨끗이 씻어 달라고 했다. 그 후 집일잘해 씨는 더욱더 집안일을 열심히 했고, 우유를 끓일 때는 절대 다른 일을 함께 하지 않았다.

**아미노산**

단백질이 소화효소에 의해 완전히 분해되면 암모니아와 아미노산이 되는데, 암모니아는 소변이나 대변을 통해 몸 밖으로 배출되고 아미노산은 우리 몸의 근육을 이루게 된다.

# 집에서 만드는 아이스크림

집에서도 아이스크림을 만들 수 있을까요?

아이스크림만을 전문으로 하는 바스킨라본스 아이스크림 회사가 있었다. 이 회사는 32가지 맛을 만들어내는 것으로 유명했는데, 바스킨라본스 회사 신제품 개발 팀에 스쿠루 씨가 있었다. 스쿠루씨는 신입 시절부터 획기적인 아이디어를 많이 냈기 때문에 빠른 시간 내에 신제품 개발 팀의 대리 자리까지 올라오게 되었다. 이번에도 새로운 신제품을 개발해 내기 위해 스쿠루 씨는 많은 노력을 했다.

새로운 아이스크림을 생각해 내기 위해 사계절 내내 여러 아이스크림을 물고 있는 일이 많았고, 그 때문에 항상 배탈을 달고 살

정도였다. 그러던 어느 날 스쿠루 씨는 아이스크림을 사려고 슈퍼에 들어갔다.

"오늘은 뭘 먹어볼까?"

한참 아이스크림을 고르던 스쿠루 씨는 무심코 고개를 들어 아이스크림 냉동고 옆에 있는 사탕들을 보게 되었다.

"그래! 바로 이거야!"

사탕들이 길게 꽈배기처럼 꼬여 있는 것을 보고 무엇인가가 떠오른 스쿠루 씨는 그 사탕을 사 들고 회사로 돌아왔다. 자리에 앉자마자 빠르게 보고서를 작성하기 시작한 그의 모습에 다른 직원들은 또 어떤 획기적인 아이디어가 나올지 궁금했다.

"이번에는 어떤 아이디어가 나올까?"

"항상 떠오르는 것마다 대박이었으니깐 이번에도 분명 대박일 거야."

"나도 저렇게 머릿속에 아이디어가 떠오르면 얼마나 좋을까? 내 머릿속에는 지우개만 있는 것 같아."

스쿠루 씨는 빠른 손동작으로 보고서를 작성해서 바로 사장실로 갔다. 그리고 아이디어에 대해서 자세히 말씀드렸다.

"이번 아이디어는 아이들이 아이스크림을 입에 넣고 돌려 먹는 것에서 착안한 것입니다. 막대 아이스크림 모양 자체를 꽈배기 모양으로 만들어 쉽게 돌려 먹을 수 있도록 만든 것이지요."

"오. 역시 좋은 아이디어일세."

사장인 써티원 씨는 스쿠루 씨의 아이디어를 아주 좋아했고 그 아이디어 대로 아이스크림을 출시할 생각을 했다. 하지만 써티원 씨가 생각하기에 이번에도 스쿠루 씨의 아이디어를 사용한다면 또 스쿠루 씨에게 아이디어 대가로 많은 비용을 지불해야 한다는 사실이 마음에 걸렸다. 이때까지 스쿠루 씨가 많은 아이디어를 냈고 당연히 회사에서 스쿠루 씨에게 준 돈도 많았기 때문에 이번에도 아이디어 비용을 지불해야 하는 게 아까웠기 때문이다. 스쿠루 씨가 사장실을 나가고 나서 써티원 씨는 스쿠루 씨의 아이디어는 사용하되 스쿠루 씨는 해고하기로 결심했다.

"이게 다 우리 회사를 위한 거야. 이 아이디어를 회사 앞으로 해 놓으면 아이디어 대가 비용을 주지 않아도 되겠지?"

써티원 씨는 돈을 아끼려는 생각으로 스쿠루 씨에게 아이디어에 대한 아무런 대가도 주지 않고 해고시켰다. 그리고는 스쿠루 씨의 아이디어 대로 아이스크림을 출시했다. 갑자기 해고를 당하는 바람에 계속 집에만 있던 스쿠루 씨는 슈퍼에 자신의 아이디어였던 꽈배기 아이스크림이 나온 걸 보고서야 사장의 속셈을 알아챘다.

"감히 내 아이디어를 가로채고 나에게 한 푼도 안 줘? 그래놓고 얼마나 잘 사는지 어디 두고 보자!"

스쿠루 씨는 머리끝까지 화가 나서 바스킨라본스 회사에 복수하기로 결심했다. 그리고 얼마 후 스쿠루 씨는 TV에 출연하게 되었다. 방송국에서 일하는 스쿠루 씨의 친한 친구가 아이스크림을 주제로 하는 프로그램에 스쿠루 씨를 출연시키기로 한 것이었다.

"나 정말 방송 타는 거야?"

무대 뒤에서 스쿠루 씨는 떨리는 마음에 발을 동동 구르며 친구에게 말했다.

"그럼. 네가 출연하게 되는 〈세상의 발견〉이라는 프로그램, 이거 요즘 최고 인기 많은 프로그램인거 알지? 너만 믿는다!"

"알았어!"

〈세상의 발견〉이라는 프로그램은 생활을 하다가 발견한 노하우를 알려 주는 프로그램이었다. 원래 나오기로 한 사람이 갑자기 펑크를 내자 친구가 갑작스레 스쿠루 씨를 불러낸 것이었다. 어떤 것이라도 좋으니 노하우를 말하면 된다는 말에 스쿠루 씨는 이게 복수를 할 수 있는 좋은 기회라고 생각했다.

"그래. 어디 맛 좀 봐라! 눈에는 눈! 이에는 이! 아이스크림에는 아이스크림!"

드디어 스쿠루 씨의 차례가 되었고 진행을 맡은 너하우 씨가 스쿠루 씨에게 다가왔다.

"스쿠루 씨는 시청자 여러분께 어떤 노하우를 알려주실 건가요?"

"네. 저는 집에서 쉽게 아이스크림을 만들어 먹을 수 있는 방법을 알려 드리겠습니다."

"항상 사 먹어야 하는 아이스크림을 집에서 만들어 먹으면 색소가 안 들어가서 믿을 수 있고, 만들면서 재밌기도 하겠네요. 그럼 자세히 알려 주시죠."

스쿠루 씨는 전국에 방송되는 프로그램에서 집에서 아이스크림을 만들어 먹는 방법에 대해 차근차근히 설명했다.

"네. 소금과 우유, 그리고 생크림만 있으면 이렇게 맛있는 아이스크림이 만들어지는군요!"

진행자와 방청객은 새로운 노하우를 알려준 스쿠루 씨에게 박수를 쳤다. 스쿠루 씨는 이렇게 하면 대부분의 사람들이 집에서 아이스크림을 만들어 먹을 것이고, 그러면 비싸게 가게에서 사먹어야 하는 바스킨라본스 아이스크림을 사 먹지 않게 될 것이라는 생각을 했다.

"그렇게 되면 바스킨라본스는 망하게 되겠지?"

드디어 이 프로그램이 전국적으로 방송되고, 스쿠루 씨의 부분이 방송되자마자 〈세상의 발견〉 팀 앞으로 전화가 한 통 걸려왔다. 바로 스쿠루 씨를 쫓아냈던 바스킨라본스 회사 사장인 써티원 씨였다.

"아이스크림을 가정에서 만드는 것은 불가능합니다!"

써티원 씨는 다짜고짜 집에서 아이스크림을 만드는 것은 말도 안 되는 일이라고 말하며 방송국에서 거짓 방송을 했다고 항의했다. 방송국 측에서는 가능한 노하우라고 했지만 써티원 씨의 입장은 확고했다.

"항상 사 먹는 아이스크림을 어떻게 집에서 만든단 말입니까!"

써티원 씨는 처음부터 절대 아이스크림은 집에서 만들어 먹을 수 없다는 입장을 내세웠고, 스쿠루 씨를 전적으로 믿고 있는 방송국 측에서는 만들 수 있다고 맞대응했다. 결국 두 사람 사이에서 쉽게 합의점은 만들어지지 않았다. 집에서 아이스크림을 만들어 먹을 수 있는지 없는지를 확실히 알아야만 이 프로그램이 거짓 방송을 했느냐 아니냐를 따질 수 있었기 때문에, 둘은 이 문제를 정확하게 하기 위해서 사건을 화학법정에 맡기기로 했다.

얼음에 소금을 뿌리면 얼음의 어는점을 낮춰서 일반적으로 얼음이 어는 온도인 0℃보다 낮은 온도의 얼음을 만들 수 있습니다.

**아이스크림을 가정에서 만들어 먹을 수 있을까요?**
화학법정에서 알아봅시다.

 재판을 시작하겠습니다. 원고 측 변론해 주세요.

 피고는 텔레비전 프로그램에 나가 가정에서도 시중에서 파는 아이스크림과 같은 아이스크림을 만들 수 있다고 말했습니다. 하지만 그것은 불가능합니다. 가정에서 아이스크림을 만들 수 있다면 왜 아이스크림 전문점이 생겼겠습니까? 가정에서는 할 수 없는 과정이 있기 때문에 아이스크림 전문점이 있는 것입니다. 되지 않는 것을 되는 것처럼 방송을 하는 것은 시청자들에게 잘못된 정보를 알려주는 것입니다. 따라서 피고가 방송한 것은 거짓 방송입니다.

 피고 측 변론해 주십시오.

 아이스크림 전문 회사의 직원인 체리주비래 씨를 증인으로 요청합니다.

긴 생머리의 20대 후반의 여성이 구두를 또각거리며 증인석으로 나왔다.

증인은 무슨 일을 하고 계십니까?

저는 아이스크림 전문 회사의 신제품 개발 팀에서 일하고 있습니다. 새로운 아이스크림을 만들기 위해 아이디어를 내는 역할을 하고 있습니다.

그렇다면 아이스크림을 만드는 방법을 알고 계시겠군요. 가정에서 아이스크림을 만드는 것이 가능합니까?

물론입니다. 냉장고가 없이도 아이스크림을 만들 수 있습니다.

어떻게 하면 만들 수 있습니까?

딸기 아이스크림을 만드는 방법을 말해드리죠. 우선 아이스크림을 만들 재료를 준비합니다. 딸기 같은 것과 우유, 생크림, 설탕을 준비하면 됩니다. 그리고 이것을 적당한 용기에 담아 잘 섞어줍니다. 그 다음 커다란 그릇을 하나 준비해서 거기에 얼음을 가득 담아 소금을 뿌립니다. 그 후 그 위에 딸기와 우유, 생크림 등을 섞은 용기를 얹고 다시 용기 주변에 얼음과 소금을 더 얹습니다. 이 과정이 끝나고 나면 깨끗한 마른 수건으로 용기를 잘 덮습니다. 가능한 한 빈틈없이 덮는 게 중요해요. 그렇게 조금만 더 기다리다가 수건을 거둬 내면 맛있는 자연산 아이스크림이 만들어지게 됩니다. 가정에서 아주 쉽게 따라할 수 있죠.

어떤 원리로 아이스크림이 만들어지는 것입니까? 그리고 얼음과 소금은 왜 사용하는 거죠?

이 아이스크림의 비밀은 소금과 얼음에 있어요. 얼음에 소금을 뿌리는 이유는 어는점을 최대한 낮추어 영하의 온도에서 얼음이 녹게 하기 위해서인데, 얼음이 녹아 물이 되면서 융해열이 발생하고, 이때 주변으로부터 열을 빼앗아 온도가 더 낮아지게 되는 원리를 이용한 것이죠. 또, 수건을 덮는 것은 외부의 온도를 완벽하게 차단하기 위해서인데 그래야 용기의 내용물이 빨리 얼 수 있기 때문이에요.

그렇군요. 참 간단한 방법이네요. 그런데 항간에 떠도는 소문에 의하면 아이스크림을 먹으면 우리 몸의 온도가 상승한다는데 그게 맞는 말입니까?

네, 맞는 말입니다.

차가운 아이스크림을 먹었는데 왜 열이 나는 것입니까?

아이스크림이 우리 몸속으로 들어가면 그 찬 기운에 의해 내장의 온도 역시 내려가게 돼요. 이때 평소보다 차가워진 온도를 감지한 내장의 기관들이 원래의 온도로 돌아가려고 하면서 에너지를 열로 방출하게 되고, 그에 따라 체온이 상승하게 되는 것이죠. 그러니 아주 더울 때는 차가운 음식이 아니라 반대로 더운 음식을 먹어 주는 것이 더위를 식힐 수 있는 지름길인 셈이에요. 옛말 중에 이열치열이라는 말이 있잖아요? 그게 사실은 과학적인 원리에 의해 탄생된 말이에요.

정말 신기하군요. 증언 감사합니다. 판사님, 이번 사건은 가정에서 아이스크림을 만들 수 있다고 말한 피고의 방송이 거짓 방송인지 아닌지에 관한 사건입니다. 그런데 증인의 증언에 따르면 가정에서도 손쉽게 아이스크림을 만들 수 있음을 알 수 있습니다. 그 방법이 간단해서 사람들이 아이스크림 전문점에서 비싼 아이스크림을 사 먹지 않아도 가정에서 쉽게 만들어 먹을 수 있습니다. 따라서 피고는 거짓 방송을 한 것이 아니고, 오히려 이러한 유용한 정보를 알려 준 피고는 좋은 방송을 한 것이라고 생각합니다. 따라서 거짓 방송을 했다고 한 원고의 말은 잘못된 것임을 주장합니다.

판결합니다. 원고는 피고가 방송에 나와 가정에서 아이스크림을 만들 수 있다고 가르쳐 준 방법이 거짓이라고 주장했습니다. 하지만 전문가의 의견을 들어본 결과 가정에서도 아이스크림을 만들 수 있고, 피고가 방송에 나와서 한 말은 거짓이 아니었습니다. 따라서 방송이 그대로 계속 방영되어도 된다고 판단됩니다.

재판 이후 스쿠루 씨의 아이스크림 만드는 비법이 방송되어 아이스크림 가게에 손님이 줄자, 새로운 아이디어가 필요해진 써티원 씨는 스쿠루 씨를 다시 스카우트하려 했다. 그러나 스쿠루 씨는 그 제의를 거절하고 자신의 아이디어를 이용해 작은 아이스크림 가게를 차렸다.

## 과학성적 끌어올리기

### 우유와 산

우유가 희게 보이는 것은 우유의 단백질 분자의 작은 덩어리들이 우유 속에 골고루 퍼져 있어서, 이 덩어리들이 모든 색깔의 빛을 산란시켜 우리 눈에 흰 빛이 들어오기 때문이다. 그럼 우유를 응고시키는 방법이 있을까? 그것은 간단하다. 우유에 식초와 같은 산성 액체를 부으면 우유가 금방 응고되는 모습을 볼 수 있다. 일반적으로 우유를 치즈로 만들 때는 특별한 세균이 작용하여 우유를 응고시키는 산을 만들어 낸다.

### 여름 우유와 겨울 우유

여름에 우유를 먹을 때와 겨울에 우유를 먹을 때 맛에 차이가 나는 이유는 뭘까? 일반적으로 몸에 좋은 비타민은 여름 우유에 더 많이 들어 있고, 대신에 맛은 여름 우유보다 겨울 우유가 더 진하다. 이는 우유를 만들어 내는 젖소의 상태가 여름과 겨울에 다르기 때문이다. 젖소는 겨울에는 마른 풀을 주로 먹지만 여름에는 신선한 풀을 많이 먹는다. 신선한 풀에는 비타민이 더 많이 들어 있기 때문에 여름 우유에 비타민이 더 많은 것이다. 그럼 왜 겨울 우유가 더 맛있을까? 겨울 우유의 맛은 여름 우유의 맛보다 고소한데, 그 이유는 한여름에는 젖소가 더운 날씨 때문에 기력이 약해져서 우유가 묽어지기 때문이다.

### 마요네즈

물과 기름은 원래 잘 섞이지 않는 것인데, 이들을 억지로 섞어 놓은 것이 마요네즈이다. 이를 에멀션 상태라고 하며, 에멀션 상태란 서로 섞이지 않아 두 개의 층으로 갈라지는 두 액체를 강제로 섞인 상태로 유지하게 한 것을 말한다. 마요네즈는 계란 노른자를 풀고, 거기에 레몬이나 식초를 넣은 다음 계속 저어 주면서 식용유를 조금씩 흘려 넣어 만든다. 이렇게 하면 기름이 작은 방울이 되어 계란 노른자에 둘러싸이면서 기름끼리 뭉쳐지지 않는 에멀션 상태가 된다.

# 과학성적 끌어올리기

# 제2장

# 음식에 관한 사건

적외선 침투
지글 지글
역시 스테이크는 숯불에 구운게 제일 맛있어. 숯불에서 나오는 적외선 때문인가?
그냥 가스불은 적외선 강도가 약해서 고기 맛이 제대로 나질 않지.

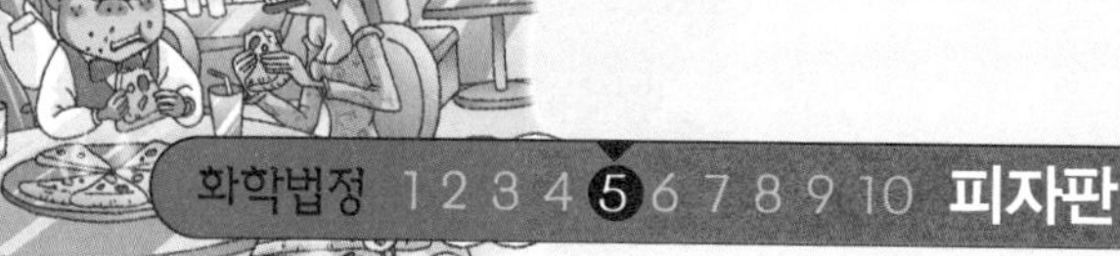



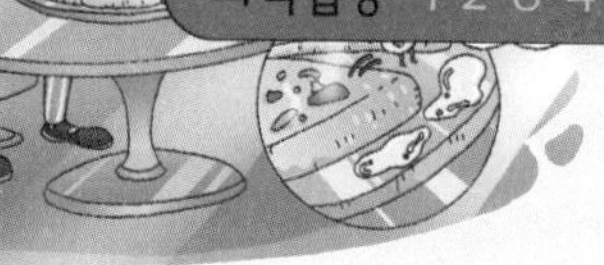

# 금속 피자판

피자판을 금속으로 만들지 않는 이유는 무엇일까요?

어떤 마을에 미세스 피자라는 이름의 피자집이 있었다. 이 피자집은 개업한 지가 몇 달이 지났지만 가게 안에는 파리만 날아다닐 정도로 장사가 잘 되지 않았다.

"도대체 손님들이 왜 이렇게 안 오는 거지?"

날아다니는 파리만 잡던 미세스 피자의 사장인 피자먹어 씨는 다른 가게들과 비슷하게 꾸몄는데도 왜 손님이 없는지 답답해했다.

"좀 더 차별화를 둘 걸 그랬나 봐요."

미세스 피자에서 피자 만드는 일을 담당하던 아내는 뭔가 새로운 게 필요하다고 생각했다. 왜냐하면 다른 가게들과 똑같으니까 손님이 없다고 생각한 것이었다.

"손님을 끌려면 좀 더 획기적인 걸 생각해야 해요!"

고민하고 있는 남편 피자먹어 씨를 답답하게 바라보면서 아내는 말했다. 아내도 요즘 몇 달 동안 손님이 없자, 답답해서 여러 가지로 생각해 봤었다. 그리고 생각해 낸 답이 보다 획기적으로 가게를 바꾸는 것이었다.

"그러면 어떤 획기적인 걸 말하는 거야?"

도저히 안 되겠다고 생각한 피자먹어 씨는 어떤 의견이라도 귀 기울여 듣기로 했다. 그리고 아내의 의견에 고개를 끄덕였다. 피자먹어씨도 손님들이 특별히 자신의 가게로 피자를 먹으러 올 이유가 있어야 한다는 생각이 들었기 때문이다.

"인테리어부터 바꿔볼까요?"

"인테리어? 이 정도면 괜찮지 않아?"

"아니요. 피자 먹는 곳 보다는 된장찌개 먹는 곳 같잖아요. 좀 더 세련되게 바꾸자고요."

사실 가게의 인테리어는 바꾸어야 할 필요가 있었다. 서양의 대표적인 음식인 피자를 파는 곳이지만 여전히 토속적인 분위기가 남아 있는 인테리어였다. 그리고 어느 피자 가게에서나 볼 수 있는 그저 그런 인테리어라서 특별할 것이 없었다. 세련된 인테리어가 필요하다고 생각한 아내는 마침내 금속을 떠올렸다.

"빛을 받으면 반짝이는 금속으로 인테리어 해 보는 게 어때요? 그게 훨씬 깔끔하기도 할 것 같고."

"금속이라, 당신 생각이 그렇다면 그렇게 하도록 하지. 어쨌든 피자만 잘 팔린다면야!"

금속이면 도시적인 느낌도 나고 깔끔해서 세련된 느낌을 줄 것이라고 생각한 아내와 피자먹어 씨는 인테리어부터 오직 금속으로만 장식을 하기로 했다. 식탁에서부터 시작해서 조명과 바닥 모두 금속으로 효과를 주었다.

"그리고 우리 금속이라는 타이틀을 가졌으니깐 가게 이름하고 피자 종류도 바꿔 봐요."

"미세스 금속 피자는 어때? 그리고 반짝거리니깐 황금 피자는?"

"둘 다 좋은 생각인데요? 그럼 우리 피자판도 나무로 하지 말고 금속으로 해봐요!"

"그거 획기적인데!"

이렇게 해서 망해가고 있는 가게를 살리기 위해서 다른 가게들과 차별화를 하기로 했고 이름까지 〈미세스 금속 피자〉로 바꿔 사람들에게 다시 광고를 했다. 광고지를 주민들에게 돌리고 가게 간판도 새로 달았다. 그때 그 가게를 지나가던 사람들 중에서 유난히 외식을 좋아하는 한 가족이 있었다.

"아, 여기에 피자집이 있었구나."

가족 중 아버지가 새롭게 바뀐 미세스 금속 피자집을 지나가면서 말했다. 그만큼 그동안 존재감이 없었던 피자집이었다.

"아빠, 나 피자 먹고 싶어!"

피자 얘기가 나오자 아들이 피자가 먹고 싶다고 아버지를 졸랐다.

"피자? 저번에 먹었잖아?"

"그래도 나도 황금 피자 먹고 싶단 말이야!"

저번 외식 때도 피자핫 피자를 먹었기 때문에 이번에는 다른 걸 먹자고 아버지가 타일렀다. 하지만 유난히 고집이 센 아들은 자신의 의견을 굽힐 줄 몰랐다.

"저거 먹고 싶단 말이야! 먹고 싶어! 반짝거린단 말이야!"

"알았다. 그러면 먹으러 가자."

결국 아들의 고집을 꺾을 수 없었던 아버지는 가족을 데리고 이번에 새롭게 단장한 미세스 금속 피자집으로 들어갔다. 들어서자마자 바닥부터 벽, 그리고 조명까지 모두 깔끔하게 금속으로 인테리어가 되어 있었다.

"와, 신기하다!"

가게에 들어간 아들은 주위를 둘러보며 신기해했고 가족들은 금속으로 된 테이블 쪽으로 안내되었다. 자리를 잡고 앉은 가족들에게 피자먹어 씨는 새로 만든 금속 메뉴판을 가져다주었다.

"어서 오십시오. 저희는 특별히 금속으로 인테리어를 한 미세스 금속 피자입니다. 황금 피자가 이번에 새로 출시되었는데 드셔 보시겠습니까?"

피자먹어 씨는 오랜만에 손님을 받는 거라 떨렸지만, 전에는 손님이 없었다는 걸 티 내지 않으려고 몇 번이나 연습한 인사말을 했다. 더듬거리는 것 없이 말이 잘 되자 피자먹어 씨는 기분이 좋아졌다.

"네, 황금 피자 4인용이랑 음료랑 주세요."

"네. 알겠습니다. 조금만 기다려 주십시오."

주문을 받은 피자먹어 씨는 아내에게 첫 주문을 알렸고 아내도 열심히 피자를 만들었다. 밀가루 반죽에 소스를 얹고 토핑을 하고 오븐에서 따끈따끈하게 구워 냈다. 정말 황금같이 노릇노릇한 색깔이 맛깔스러워 보였다. 그리고 그 따끈한 피자를 미리 주문 제작한 금속 피자판 위에 올렸다.

"피자 다 됐어요."

아내의 말에 남편은 피자를 들고 피자를 주문한 가족이 있는 테이블로 갔다.

"주문하신 황금 피자 나왔습니다. 맛있게 드세요."

피자먹어 씨는 피자를 금속 테이블 중앙에 올려놓고 피자를 먹는 가족들의 반응을 살폈다. 처음으로 선보이는 피자였기 때문에 맛있다고 할지 너무 긴장이 되었다. 어머니는 피자를 한 조각씩 덜어 주었고 가족 모두 피자를 한 입 먹었다.

"음, 맛있는데요?"

피자를 한 입 베어 문 아들이 말했다. 그제야 지켜보고 있던 피자먹어 씨는 긴장이 풀리면서 입가에 미소가 떠올랐다.

"그렇습니까? 맛있게 드십시오!"

피자먹어 씨는 다른 손님을 맞으러 갔고 가족들은 맛있게 피자를 먹었다.

"정말 맛있다! 여기 오길 잘했어."

"내 말 맞죠? 엄마, 나 한 조각 더 줘요."

아들은 벌써 한 조각을 다 먹고 빈 접시를 내밀었다. 아들이 피자를 잘 먹는걸 보자 뿌듯한 엄마는 얼른 피자판에서 한 조각을 빈 접시에 덜어주었다. 곧바로 아들은 새로 받은 피자를 한 입 물었다. 그런데 아까와는 달리 피자가 너무 눅눅해져 있었다.

"엄마. 피자 눅눅해서 못 먹겠어."

"뭐? 피자가 눅눅해지면 얼마나 눅눅해졌다고 그래? 투정 말고 먹어."

"아니야, 진짜 너무 눅눅한데."

아들의 말에 어머니는 아들의 피자를 한 입 먹었다. 정말 아까와 달리 많이 눅눅해져 있었다. 피자가 더 이상 먹지 못할 만큼 눅눅해져 있자 어머니는 가게 주인을 불렀다.

"이 피자 너무 빨리 눅눅해져서 못 먹겠어요!"

달려온 피자먹어 씨는 손님의 이야기를 듣고 당황했다. 피자를 금방 오븐에서 꺼내서 바로 갖다 준 것이었는데, 그새 못 먹을 정도로 눅눅해진다는 건 말이 안 되기 때문이었다.

"저희는 오븐에서 바로 꺼내 드리는데요."

"그래도 너무 눅눅해서 못 먹겠어요. 저희가 못 먹은 피자 값 물어내세요."

"저희는 못 물어냅니다! 손님께서 너무 까다로우신 거라고요."

피자먹어 씨는 피자 값을 물어내라는 말에 강하게 대응했고 어머니는 그 말에 화가 나서 미세스 금속 피자를 화학법정에 고소했다.

금속 피자판에서는 피자가 빨리 식어서 피자가 점점 축축해지고 눅눅해지게 됩니다.

**피자집에서 나누어 주는 그릇은 왜 나무로 되어 있을까요?**

화학법정에서 알아봅시다.

 재판을 시작합니다. 피고 측 변론하세요.

 피고인은 피자 주문을 받고 곧바로 조리해서 오븐에서 갓 꺼낸 피자를 원고 측에게 주었습니다. 그런데 피자를 각자 한 조각씩을 먹은 후, 피자가 눅눅하다며 배상을 해 달라고 했지요. 가게에 직접 와 주문을 하고 그 자리에서 먹은 피자이기 때문에 이미 만들어 놓았거나 오래된 피자를 준 것이 아닙니다. 그러므로 피자를 만든 피고 측에서는 아무런 잘못이 없었습니다. 오히려 음식에 까다로운 입맛을 가진 원고 측의 잘못이지요. 그런데다 이미 가족원 수대로 하나씩을 먹어 반 이상을 먹어 놓고 배상을 요구하다니요. 피자를 만드는 과정에 아무런 잘못이 없었으므로 피고인 측에서는 원고 측에게 배상을 할 의무가 없다는 것이 피고 측의 입장입니다.

 원고 측 변론하세요.

 재판장님, 유명한 피자 가게의 경영자인 피자사랑 씨를 증인으로 요청합니다.

누가 봐도 부자라는 것이 표가 날 만큼 비싼 옷을 입은 30대 초반의 여성이 증인석으로 나왔다.

증인, 증인이 하는 일을 간단히 설명해 주세요.

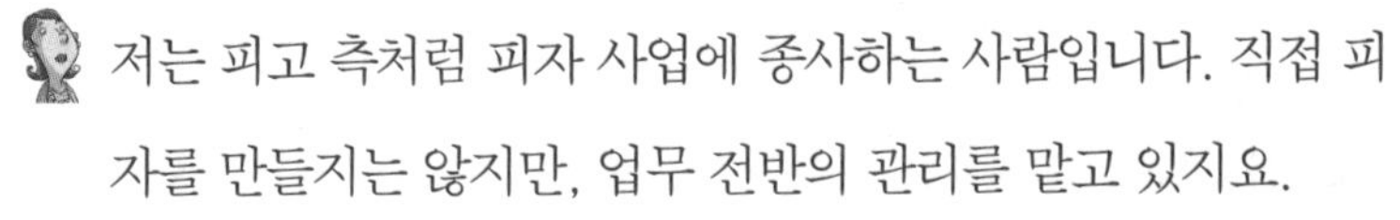

저는 피고 측처럼 피자 사업에 종사하는 사람입니다. 직접 피자를 만들지는 않지만, 업무 전반의 관리를 맡고 있지요.

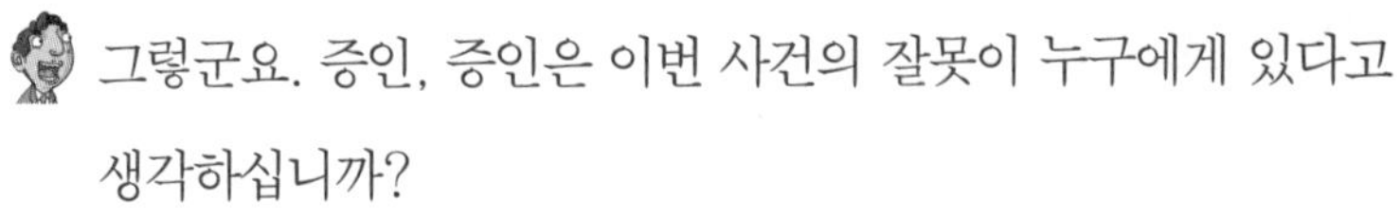

그렇군요. 증인, 증인은 이번 사건의 잘못이 누구에게 있다고 생각하십니까?

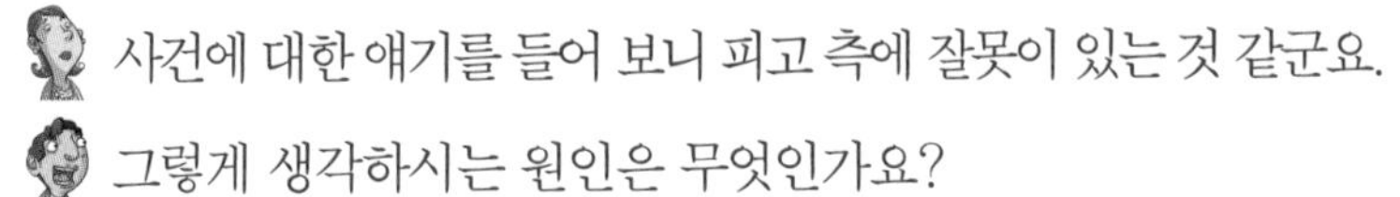

사건에 대한 얘기를 들어 보니 피고 측에 잘못이 있는 것 같군요.

그렇게 생각하시는 원인은 무엇인가요?

듣자하니 피고 측에서 최근에 인테리어와 함께 가게를 전반적으로 확 바꾸셨다고요? 그리고 금속으로 온 가게를 도배했다고 그러더군요. 그게 바로 문제죠!

좀 더 정확히 말씀해 주십시오.

온 가게가 금속으로 되어 있다면, 테이블부터 의자, 메뉴판까지 모두 금속이 아니겠어요? 그렇다면 피자판도 금속일 테고, 피자를 덜어서 먹게 주는 그릇도 금속으로 되어 있겠죠.

증인의 말은 피자판과 그릇이 금속인 것이 이 사건의 문제라는 건가요?

그래요. 바로 그거죠. 제가 피자 체인점을 운영한다고 말했던가요? 저는 다섯 개가 넘는 피자집을 운영하고 있죠. 그런데 그 다섯 곳 중 어느 하나도 피자판을 금속으로 쓰는 곳은 없어요. 모두 나무 그릇을 쓰죠.

그 이유는 무엇입니까?

이번 사건과 같이 피자가 눅눅해지는 것을 피하려고 그러는 거예요.

피자판이 금속이면 피자가 눅눅해지나요?

물론이에요. 휴게소에 가서 갓 구워 낸 호두과자를 샀다고 생각해보세요. 처음에 호두과자를 샀을 때는 습기가 남아 있어 호두과자의 맛을 즐길 수 있죠. 하지만 그걸 먹지 않고 한 시간가량 놔둔다고 생각해 봐요. 어떻게 되겠어요? 당연히 축축해지겠죠. 호두과자의 수분이 물의 형태로 바뀌어 축축해지기 때문에 호두과자의 참맛을 느낄 수가 없게 돼요. 김치부침개도 마찬가지죠. 축축해지면 맛이 없잖아요?

그것과 금속 피자판이 무슨 상관이 있나요?

처음에는 열이 피자의 수분을 수증기로 날려 보내서 바삭바삭하고 쫄깃쫄깃하게 만들어 주지만, 피자가 식으면 날아가던 수분이 모두 피자가 담겨 있는 접시에 닿아 물로 변하기 때문이에요. 그래서 피자는 점점 축축해지고 눅눅해지게 되는 거죠. 뜨거운 물 한 잔을 떠놓고 잠시 후에 살펴보면 뜨거운 물표면 위에 김이 서려 있는 것과 마찬가지라고 볼 수 있죠. 그래서 저희 피자집에서는 피자가 빨리 식어 눅눅해지는

것을 피하기 위해 피자의 판을 나무 그릇으로 하게 되었던 거예요. 나무는 어느 정도 습기를 빨아들이니까요. 금속판에 피자를 담아 보겠다는 아이디어가 없어서가 아니라고요.

증언 감사합니다. 재판장님, 이번 사건은 피고 측에서 가게의 분위기를 바꾸어 보겠다고 모든 인테리어를 금속으로 바꾸면서 피자판까지 금속으로 바꾸는 바람에 일어난 일입니다. 피자판을 금속으로 사용함으로써 피자가 빨리 식어 눅눅해져 버리게 된 것이죠. 따라서 원고 측의 입맛이 까칠하거나 잘못된 것이 아닙니다. 바삭한 피자를 먹을 것을 기대하고 왔는데, 피자의 반 이상을 눅눅한 것으로 먹고 제 값을 치른다는 것은 정당하지 않습니다. 원고 측에서 피자 값을 지불하지 못한다는 것은 당연한 것이지요. 결국 이 사건의 잘못은 피자의 판을 금속판으로 바꾸면서 피자의 상태 보존을 생각하지 못한 피고 측의 잘못이므로 원고는 주문한 피자의 가격을 지불하지 않아도 된다고 생각합니다.

판결합니다. 피자를 판매하는 피자집에서는 대부분 피자판으로 나무를 사용합니다. 피자가 빨리 식어 눅눅해지는 것을 피하기 위해서지요. 그런데 피고 측에서 피자판을 나무가 아닌 금속판을 사용함으로써 피자가 바삭바삭한 맛을 금방 잃고 눅눅해져버려 원고 측에서 제대로 된 피자를 먹지 못했습니다. 따라서 원고 측의 주장대로 이 사건의 잘못은 피자의 상태를

제대로 보존하지 못한 피고 측에 있으므로 원고 측에서는 피고 측에게 피자 값을 지불하지 않아도 된다고 판결합니다.

재판 후 피자먹어 씨는 눅눅한 피자를 먹고 불쾌했을 원고 측에게 사과를 하고, 그날 당장 피자판을 금속에서 다시 나무판으로 바꾸었다.

그 후 원고 측은 다시 피자먹어 씨의 가게에 찾아와 이제는 눅눅하지 않은 피자 맛에 반해 단골이 되었다.

금속은 다른 화합물처럼 분자로 이루어져 있지 않고 원자로 이루어져 있으며, 원자들이 일정한 순서로 배열되어 있다. 대부분의 금속은 열과 전기를 잘 전달하는 성질이 있다.

# 마늘 때문에 굶었어요

매운 마늘을 맵지 않게 먹을 수 있는 방법이 있을까요?

대학교에서 식품 영양학과를 다니는 매운싫어 양이 있었다. 매운싫어 양은 평소에 매운 것은 입에 대지도 않을 정도로 매운 음식을 싫어했다. 매운 음식을 먹으면 혀가 좀처럼 식지 않았기 때문이다. 그래서 옛날부터 김치는 맵지 않은 백김치만 먹고 혹시나 먹어야 한다면 물에다가 고춧가루를 씻어서 먹었다. 그런 매운싫어 양에게 큰 위기가 다가왔다.

"이번에 우리 식품 영양학과가 견학을 가게 됩니다!"

수업 시간에 교수님께서 깜짝 발표를 했다. 견학은 쉽지 않은 경험이기 때문에 이 사실을 들은 학생들은 모두 어디로 견학을 갈지 궁금해 했다. 물론 매운싫어 양도 매운 음식을 만드는 곳만 아니면 다 괜찮다는 생각으로 어디로 가게 될지 궁금했다.

"아이스크림 만드는 공장이나 빵 만드는 공장으로 갔으면 좋겠다. 그지?"

"그러면 좋지! 가서 몰래 집어 먹기도 하고."

그러나 매운싫어 양의 예상은 빗나가고 말았다. 견학 갈 곳은 아이스크림이나 빵 같은 걸 만드는 공장이 전혀 아니었다.

"어디로 가게 되냐면, 여기서 한 시간 떨어진 마늘 공장으로 견학을 가게 됩니다!"

교수님은 아이들의 기쁜 함성을 기대하며 말했지만 마늘 공장이라는 말에 아이들은 실망을 감추지 못했다. 그리고 매운싫어 양은 마늘이라는 소리에 금세 울상을 지었다.

"난 몰라, 마늘이라니! 어떡하지?"

"그래도 견학이라 그냥 보고 오는 거잖아. 먹는 게 아니니깐 걱정 마."

울 것 같은 표정을 한 매운싫어 양을 친구가 옆에서 위로하며 다독였다.

"견학 다녀와서 감상문을 성적에 반영할거니깐 안 가면 자기 손해인 거 알죠?"

더군다나 견학을 다녀와서 쓴 감상문을 성적에 반영한다는 소리에 매운싫어 양은 두 눈 질끈 감고 견학을 갈 수밖에 없었다. 그리고 친구 말대로 눈으로 보고만 오는 것이면 상관이 없다고 생각하니까 더 용기가 났다. 그렇게 해서 결국 매운싫어 양도 함께 마늘 공장으로 견학을 떠났다. 마늘 공장은 생각보다 컸다. 그냥 마늘을 까는 아주머니들이 모여 있을 거라고 생각한 아이들에게 이렇게 큰 마늘 공장은 낯설고 신기했다.

"안녕하세요. 저는 마늘 공장 사장인 마늘사라입니다. 견학 오신 걸 환영합니다."

버스에서 막 내린 학생들을 공장 사장인 마늘사라 씨가 미리 마중을 나와 환영해 주었다. 그리고는 아이들을 데리고 공장 구석구석을 다니면서 기계로 마늘 껍질을 까는 것, 마늘을 크기별로 분류하는 것, 빻는 것, 그리고 옆 공장 건물로 가서 마늘을 주재료로 하는 음식을 만드는 것까지 구경시켰다.

"우와, 저것 봐. 기계가 알아서 마늘을 까네."

"알까기도 아니고 마늘 까기네, 마늘 까기. 호호호."

매운싫어 양은 친구들과 이곳저곳을 둘러보면서 견학을 했다. 생각보다 마늘 냄새가 심하게 나지 않아 매운싫어 양은 무리 없이 견학을 할 수 있었다. 공장 사장인 마늘사라 씨는 학생들을 건물 구석구석까지 구경시키고서는 학생들에게 말했다.

"자! 오늘 견학은 여기까지입니다. 아직도 볼 곳이 많이 남았으니깐 그건 내일 보도록 하시고요, 배고프시죠?"

"네!"

학생들 모두 기다렸다는 듯이 큰 소리로 대답했다. 오자마자 견학을 시작해서 모두 배가 고픈 참이었다.

"네, 저희가 여러분들을 위해 특별 반찬을 만들어 놨으니깐 얼른 식당으로 갑시다."

학생들은 모두 고픈 배를 움켜쥐고 식당으로 향했다. 모두들 특별 반찬에 대해서 기대를 하고 있었다.

"특별 반찬이면 돈가스? 자장면?"

"에이, 설마 그렇게 맛있는 걸로 주겠어?"

"그래도 특별 반찬이라잖아. 기대된다. 어서 가서 먹자!"

매운싫어 양과 친구는 서둘러 식당으로 갔다. 그리고 급식판에 배식을 받고 테이블에 앉았다. 그러나 매운싫어 양은 숟가락을 들지 못했다. 식단이 모두 생마늘로 된 반찬들이었기 때문이다. 반찬에는 채 썬 생마늘이 버무려져 있었고, 아예 통마늘과 된장을 준 것도 있었다. 결국 그날 매운싫어 양은 한 입도 먹지 못했다.

"매운싫어야, 밥 안 먹어도 괜찮아?"

"배고프기야 하지. 혹시나 다른 반찬이 있는지 물어봐야겠어."

공장에 있는 동안 나온 급식의 반찬에는 모두 생마늘이 들어가 있었다. 그래서 매운싫어 양은 사장인 마늘사라에게 다른 반찬이 있는지 물으러 갔다.

"왜 그러니?"

"제가 매운 걸 못 먹어서 그러는데요, 맵지 않은 다른 반찬을 해 주셨으면 해서요."

매운싫어 양은 마늘사라 씨에게 정중하게 부탁했다. 하지만 마늘사라 씨는 그 부탁을 들어 주지 않았다.

"그렇게 되면 전부 식단을 바꿔야하는데, 견학 비용으로 다른 식단은 턱도 없는걸."

매운싫어 양이 있는 식품 영양학과에서 낸 돈이 다른 재료를 사서 음식을 만들기에는 부족했던 것이다. 그래서 따로 음식을 만들 수가 없었기 때문에 식단을 바꿀 수는 없었다.

"그래도 조금이라도 다른 반찬을 만들어 주시면 안될까요?"

"그렇게 원한다면 돈을 더 줘, 그럼 우리가 반찬을 바꾸도록 하겠네."

"돈을 더 줘야 한다고요?"

다른 재료를 사는데 드는 돈을 더 내라는 말에 매운싫어 양은 고민을 했다. 사실 매운싫어 양의 집은 매우 가난했다. 이번 견학비를 모으는 것도 힘들었는데 반찬을 바꾸기 위해서 돈을 더 낼 수는 없었다. 그래서 매운싫어 양은 할 수 없이 돈을 더 줄 수 없다고 얘기했다.

"돈은 못 드립니다."

"그럼 그냥 마늘 반찬을 먹는다는 걸로 알겠네."

사장 앞이라 마늘 반찬을 먹겠다고 말했지만, 결국 매운싫어 양은 견학 기간 동안 밥을 한 끼도 먹을 수 없었다. 굶는 한이 있어도 매운 마늘 반찬을 먹을 수는 없었던 것이다. 결국 견학이 끝나고 매운싫어 양은 입원을 하게 되었다.

"며칠 동안 아무것도 먹지 않으니 몸이 약해질 수밖에요."

매운싫어 양을 보며 의사선생님은 안쓰럽다는 듯이 말했다. 결국 입원을 하게 되어 입원비도 들고 학교도 못 나가고 매운싫어 양이 겪은 손해가 많았다. 그래서인지 매운싫어 양은 돈을 더 주지 않으면 식단을 바꿀 수 없다는 마늘사라 씨의 차가운 말이 몇 번이나 떠올랐다. 자신이 입원하게 된 건 모두 반찬을 바꾸지 않은 마늘사라 씨의 책임이라는 생각이 들었다. 마침내 매운싫어 양은 공장 사장인 마늘사라 씨를 고소했다.

생마늘의 매운 향과 맛은 알리신이라는 성분 때문인데,
알리신은 휘발성이 있어서 열을 주면 날아가 버립니다.

**마늘을 맵지 않게 먹을 수는 없을까요?**

화학법정에서 알아봅시다.

 재판을 시작하겠습니다. 피고 측은 변론해 주세요.

 원고는 식품 영양학과 학생으로 수업의 일환으로 마늘 공장에 견학을 갔습니다. 마늘 공장에서는 받은 견학비 만큼의 식단을 준비했고, 견학비가 적었기 때문에 모든 반찬은 마늘 종류의 반찬이었습니다. 원고는 마늘 같은 매운 것을 잘 먹지 못해서 식사를 하지 못했다고 하는데, 그것은 원고의 문제이지 마늘 공장에서 책임질 문제가 아닙니다. 원고를 제외한 모든 다른 학생들은 식사를 할 수 있었고 잘 먹었습니다. 그러므로 음식에는 문제가 있는 것이 아닙니다. 또한 마늘 공장에서는 돈을 더 지불하면 다른 반찬을 만들어 주겠다고 했지요. 그럴 수 없다고 한 것은 원고입니다. 원고가 입원한 것도, 정말 식사를 해야 했다면 마늘이라도 먹었어야 했는데 그러지 못했던 원고의 탓이 큽니다. 따라서 피고 마늘사라 씨에게는 책임이 없음을 주장합니다.

 원고 측은 변론하십시오.

식품 영양학과 교수 다잘알아 씨를 증인으로 요청합니다.

키가 작고 뿔테안경을 쓴 50대의 한 남자가 증인석으로 나왔다.

 증인은 식품 영양학과의 교수이지요?

 네, 맞습니다. 매운싫어 양의 교수이기도 합니다.

 그렇다면 증인은 견학 기간 내내 매운싫어 양이 식사를 하지 못한 사실을 알고 있었습니까?

 그것은 알지 못했습니다. 견학 기간 동안 학생을 인솔하는 것은 교수의 담당이 아니었기 때문에 전혀 알 수가 없었습니다. 만약 학생이 매운 것을 먹지 못해서 식사를 하지 못하고 있다는 것을 알았다면 조치를 취했을 것입니다.

 어떤 방법으로 조치를 취했을 거라는 것입니까?

 매운싫어 학생이 식사를 할 수 있도록 했을 겁니다.

 마늘 반찬밖에 없는데 원고가 식사를 할 수 있는 방법이 있었단 말입니까?

 네, 그렇습니다. 마늘을 굽거나 삶은 요리를 해 주도록 요구했을 겁니다.

 마늘을 삶거나 구우면 매운 맛이 사라진단 말입니까?

 맞습니다. 생마늘의 매운 향과 맛은 알리신이라는 성분 때문입니다. 이는 마늘을 자르거나 빻을 때 마늘의 세포가 파괴되면서 알리나아제라는 효소의 작용에 의해 만들어지는 것이지

요. 이 알리신이 고추의 매운 맛을 내는 캅사이신 같은 역할을 하여 마늘 특유의 맛과 향을 만들어 내지요. 그런데 알리신은 휘발성이 있어서 열을 주면 날아가 버립니다. 그래서 굽거나 삶게 되면 매운 맛과 향이 사라져 생마늘을 못 먹던 이들도 먹을 수 있게 되지요.

그렇군요. 그렇다면 피고인이 마늘 반찬을 굽거나 삶았다면 매운싫어 양이 굶지 않고 식사를 할 수 있었겠군요?

그렇다고 할 수 있습니다. 그랬다면 병원에 입원하는 일도 없었을 테죠.

네. 감사합니다. 그 밖에 더 하실 말씀은 없으십니까?

알리신은 위산에 약한 편입니다. 때문에 생마늘을 그냥 먹는다고 해도 위에서 소화가 되는 것은 문제도 아닌 일이지요. 하지만 아무리 소화가 잘 된다고 해도 너무 자극적인 음식은 무리를 줄 수 있으니, 매운 것을 좋아하는 사람이라도 가급적 익혀 먹거나 구워 먹도록 하는 것이 좋을 것 같습니다.

네, 알겠습니다. 증언 감사합니다. 판사님, 이번 사건은 매운 음식을 먹을 수 없는 원고에게 피고가 제대로 된 반찬을 해 주지 못해서 일어난 사건입니다. 증언에서 알 수 있듯이 마늘을 굽거나 익혔다면 매운 맛이 사라져 원고도 식사를 할 수 있었겠지요. 원고는 매운 음식을 못 먹는 것이지 마늘 자체를 못 먹는 것이 아니었으므로 맵지 않게만 해 줬다면 이번 사건은 일어나지 않았을 것입니다. 또한 마늘을 굽거나 익히는 방법은 다른 음식 재료를 필요로 하지 않으므로 별도의 반찬 비용을 더 지불하지 않아도 식사를 할 수 있었겠지요. 하지만 피고가 그렇게 해 주지 않았기에 원고는 식사를 할 수 없었고, 따라서 식사 비용을 지불하고도 식사를 하지 못했습니다. 그런데다 병원에 입원을 하기까지 했습니다. 그러므로 이 사건은 원고가 마늘을 먹을 수 있도록 조리해 주지 못한 피고의 과실이므로 피고는 원고의 병원 입원비와 함께 견학비에 포함된 식사비용을 배상해야 한다고 주장합니다.

판결하겠습니다. 원고 매운싫어 양은 피고인이 마늘을 먹을 수 있게 조리해 주지 못해 식사를 하지 못했고, 병원에 입원을 했습니다. 피고인이 마늘을 굽거나 삶아주었다면 마늘의 매운 향과 맛이 사라져 매운싫어 양이 식사를 할 수 있었을 테지만, 그렇게 하지 않고 별도의 비용을 부과하여 반찬을 해 주겠다고 했습니다. 그래서 원고는 식사를 하지 못했고, 견학비에 포함된 식사 비용을 낭비한 셈이 되었습니다. 그러므로 피고는 원고의 피해를 배상할 의무가 있습니다. 그러나 식품영양학과 학생인 원고 역시 과실이 있습니다. 매운 것을 먹지 못하고 식사를 하지 못할 상황이었다면, 담당 교수에게 도움을 요청할 수도 있었고 그 외에 다른 방법을 찾아볼 수도 있었는데도 그러지 않았습니다. 그러므로 이번 사건은 쌍방 간

에 책임이 있다고 사료되므로 피고는 원고의 식사 비용만 배상할 것을 판결합니다.

재판이 끝난 후, 마늘사라 씨는 매운싫어 양의 병원에 찾아가 사과를 했다. 이번 사건으로 인해 마늘을 맵지 않게 먹을 수 있다는 것을 알게 된 매운싫어 양은 다른 매운 음식들도 맵지 않게 먹을 수 있는 방법을 찾아보기로 했다.

캅사이신은 고추에서 얻어지는 무색의 휘발성 화합물로, 고추의 매운 맛을 내는 성분이다. 약이나 향료로 이용되기도 하며 고추 씨에 가장 많이 들어 있다.

# 식빵 걸레

식빵을 걸레로 쓸 수 있을까요?

편의점을 운영하는 최소금 씨는 알아주는 짠돌이였다. 물론 짠돌이라 불릴 만큼 아끼고 아꼈기 때문에 이 편의점까지 차리게 된 것이지만 짠돌이인 정도가 심했기 때문에 편의점에서 일하는 아르바이트생들은 최소금 씨를 야속하게 생각하고 있었다.

"이번 달 월급 받아봤어?"

"응. 정말 화장실 간 시간은 빼더라고."

"그지? 정말 대단한 짠돌이 사장님이야."

아르바이트생들이 최소금 사장님에게 보너스를 받는다는 것은 바늘구멍에 낙타가 들어가는 것보다 더 힘든 일이었다. 그만큼 최소금 씨는 돈에 대해서는 민감한 짠돌이였다.

"나 은행 다녀올 테니깐 가게 잘 보고 있어."

최소금 씨는 아르바이트를 하고 있는 돈벌어 군과 나알바 양에게 가게를 지키라고 말해 놓고 은행에 갔다. 이때까지 모아 두었던 돈을 또 저축하러 가는 것이었다.

"네, 다녀오세요."

둘은 나가는 최소금 씨에게 인사를 하고서 각자 자신이 맡은 일을 계속했다. 나알바 양은 카운터를 지키고 있고 돈벌어 군은 진열장을 돌아다니면서 비어있는 곳에 물건을 새로 채워 넣었다. 마침 돈벌어 군은 빵 코너에서 식빵을 채워 넣고 있었다.

"식빵 유통 기한이 지났네?"

돈벌어 군은 빵 포장지에 적혀 있는 유통 기한을 보며 안타깝다는 듯이 말했다. 전에는 유통 기한이 지날 정도로 빵이 안 팔린 적이 한 번도 없었는데, 이번에 처음으로 유통 기한이 지나도록 팔리지 않은 빵이 생긴 것이었다.

"빵이 안 팔린 건 모두 다 앞에 생긴 빵랜드 가게 때문일 거야."

카운터에서 지켜보고 있던 나알바 양이 말했다. 일주일 전, 편의점 앞에 새로운 빵집이 생겼다. 건물 모양부터 고급스러워서 꼭 파리에 있는 건물 같았고, 그 빵집 주방장도 외국 사람이라서 빵이 정말 맛있다는 소문이 파다하게 퍼져 있었다. 이 근처에 있는 사람들이 빵을 사먹으려고 빵랜드 가게에 가는 건 어쩌면 당연한 것이었다.

"빵랜드 가게 식빵은 입에서 살살 녹는다는 소리가 있던데."

"나 같아도 빵랜드 식빵 먹지, 누가 편의점 식빵을 먹어."

돈벌어 군은 유통 기한이 지나서 팔지 못하게 된 식빵들을 따로 꺼내두었다. 그리고 오늘 새로 들어온 식빵들을 다시 채워 넣었다. 돈벌어 군은 이 식빵들도 나중에 유통 기한이 지나서 어쩔 수 없이 버려질 수도 있겠다는 생각이 들었다.

"그런데 이 식빵을 어떡하지?"

상자에 유통 기한이 지난 식빵들이 제법 쌓여있었다. 돈벌어 군은 이 많은 식빵들을 어떻게 해야 할지 몰랐다. 빵랜드가 생기기 전에는 이런 일이 한 번도 없었기 때문이었다.

"유통 기한이 딱 어제까지였는데 그냥 우리가 먹을까?"

식빵들을 보며 곰곰이 생각하던 돈벌어 군은 나알바 양에게 물었다. 하지만 나알바 양은 거절했다.

"유통 기한 지난 거 먹으면 배탈 나. 괜히 병원비만 더 들어."

"그런가?"

돈벌어 군은 어떻게 할까 고민하다가 이제 먹을 수도 없는데 두면 뭐하나 싶어서 남은 식빵을 모두 담아서 쓰레기통에 버렸다. 아깝기는 했지만 그렇다고 팔 수도 없는 것들이었다. 그래서 하나도 남김없이 깨끗이 버렸다. 그리고 어느 정도 시간이 지나자 최소금 씨가 돌아왔다.

"그간 별 일 없었지?"

돌아오자마자 두툼한 몇 개의 통장을 꺼내서 다시 금액을 확인하고 가방에 넣으며 최소금 씨가 물었다. 은행 다녀올 동안 무슨 일이 생겼을 리는 없지만 언제나 습관처럼 묻는 말이었다.

"아, 사장님. 식빵 유통 기한이 지나있던데요?"

돈벌어 군은 미리 새로 물품을 채워 넣어 두었다고 칭찬을 받을 거라는 생각을 하고서 자신있게 말했다.

"아. 이게 다 빵랜드 때문인가……."

최소금 씨도 새로 생긴 빵랜드가 신경 쓰이긴 했다. 물론 전문 요리사가 만드는 빵랜드 빵이 훨씬 맛있기야 하겠지만 빵랜드가 생기면서부터 눈에 띄게 수입이 줄어들었기 때문에 최소금 씨의 심기가 불편하던 참이었다. 그런데 빵이 너무 안 팔려서 유통 기한까지 지났다니 최소금 씨는 지금 돈벌어 군을 칭찬해 줄 기분이 아니었다.

"아무래도 빵랜드 때문인 것 같습니다."

"그래. 그 빵들 어디에 있나?"

한숨을 내쉬며 최소금 씨는 식빵을 찾았다. 돈벌어 군은 그 빵은 왜 찾는지 궁금해 하면서 최소금 씨에게 깨끗하게 버렸다고 말했다. 칭찬받지 않을까 기대하고 있던 돈벌어 군의 예상과 달리 최소금 씨는 크게 호통을 쳤다.

"그걸 왜 버려!"

저번에 월급을 올려 달라는 말을 했을 때와 비슷한 반응이었다. 그래서 옆에서 지켜보고 있던 나알바 양이 최소금 씨를 진정시키기 위해서 대신 대답했다.

"유통 기한이 지나서 어차피 팔지도 못하고, 누구 먹지도 못해서 버렸는데요."

"왜 식빵을 버린 거야? 식빵을 걸레로 팔면 되잖아!"

최소금 씨는 이미 빵랜드 때문에 화가 나 있었는데 유통 기한이 지난 빵을 버렸다는 얘기에 화가 더해져 좀처럼 흥분을 가라앉히지 못했다.

"걸레로 판다고요?"

식빵을 걸레로 판다니 말도 안 되는 소리라고 생각하며 돈벌어 군은 말했다. 도대체 유통 기한이 지나서 먹지도 못하고 곧 곰팡이도 필 식빵을 어떻게 걸레로 판단 말인지 이해가 되질 않았다.

"그래! 그러면 식빵의 반값은 받을 수 있을 텐데, 왜 허락도 없이 버렸어!"

"식빵이 무슨 걸레란 말이에요? 유통기한이 지나서 버린 건데요."

"그래도 그게 돈이 되는 거였단 말이야!"

짠돌이 최소금 씨는 돈이 되는 걸 버렸다는 것에 화가 났다. 하지만 아직도 돈벌어 군은 그게 왜 돈이 되는지 이해하지 못하고 있었다. 유통 기한이 지난 빵을 버린 것은 칭찬받을 일인데 도리어 사장님이 화를 내니 어처구니가 없었다. 이렇게 두 사람 모두 팽팽하게 맞서자 이 모습을 처음부터 지켜보고 있던 나알바 양이 더 이상 두고 볼 수 없어 중간에서 해결책을 제시했다.

"이렇게 여기서 싸울게 아니라 화학법정에 맡겨요. 법정에서 누구 잘못인지 알아보자고요."

"그래, 좋아! 법정에서 보자!"

최소금 씨는 식빵을 걸레로 사용할 수 있다고 알고 있었기 때문에 화학법정에서 이 문제를 해결해 줄 거라고 생각했다. 반면 돈벌어 군은 아직도 자신이 무엇을 잘못했는지 모르고 있었고 자신이 잘못한 일은 없다고 생각했기 때문에 화학법정에 이 문제를 맡기는 것에 역시 찬성했다.

식빵의 면에는 보이지 않는 미세한 구멍들이 있어서
그 구멍들 사이에 때 입자들이 들어가 청소가 됩니다.

식빵을 걸레로 사용할 수 있을까요?
화학법정에서 알아봅시다.

 재판을 시작하겠습니다. 원고 측 먼저 변론 해주세요.

 피고 측은 편의점에서 판매하는 빵이 유통 기한이 지나서 버린 것에 대해 화를 냈습니다. 유통 기한이 지난 상품을 팔 수는 없는 것인데, 피고는 그것을 걸레로 팔았어야 하는데 버렸다면서 원고에게 바보, 멍청이라고 화를 냈지요. 유통 기한이 지난 빵을 어떻게 걸레로 팔 수 있겠습니까? 또 판다고 해도 어떤 사람이 빵을 걸레로 사용하기 위해 사 가겠습니까? 아무런 잘못도 없는 원고에게 비난을 한 피고의 행동은 부당한 일입니다. 따라서 원고 측에서는 피고인이 원고에게 사과할 것을 요구합니다.

 피고 측 변론하십시오.

 편의점 건물의 청소 도우미를 하고 있는 쓱싹쓱싹 씨를 증인으로 요청합니다.

청소부 복장의 후덕하게 생긴 40대 아주머니가 증인석으로 나왔다.

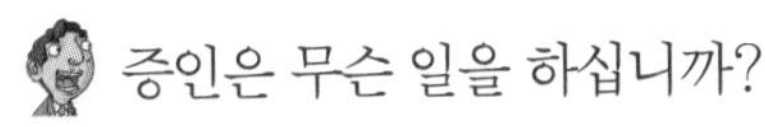

증인은 무슨 일을 하십니까?

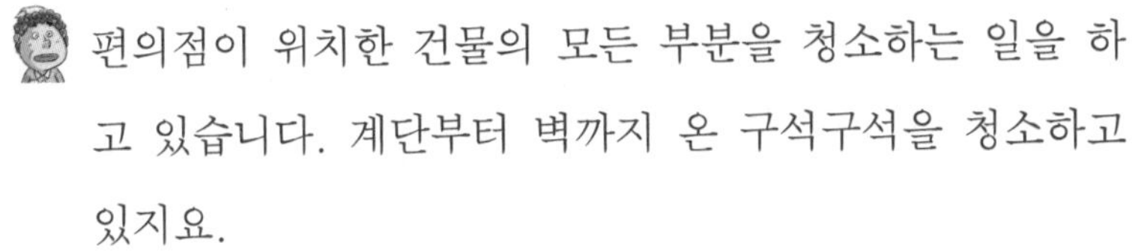

편의점이 위치한 건물의 모든 부분을 청소하는 일을 하고 있습니다. 계단부터 벽까지 온 구석구석을 청소하고 있지요.

피고의 말대로 빵을 걸레로 사용할 수 있습니까?

글쎄요, 걸레로 사용할 수 있는지는 잘 모르겠지만 저는 벽지 청소를 할 때 빵을 사용하기는 합니다.

벽지 청소를 할 때 빵을 사용하신다고요?

네, 그렇습니다. 우리 집에는 낙서쟁이가 있어서 새로 도배만 하면 다시 낙서투성이가 돼요. 그러던 중 우연히 식빵을 사용하면 벽지 청소가 된다는 것을 알았죠.

식빵으로 벽지 청소가 가능하군요. 어떻게 해야 하는 거죠?

먼저 식빵을 적당한 크기로 자릅니다. 그런 뒤에 그것을 벽지의 낙서 자국에 대고 살살 문지르면 벽지가 조금씩 깨끗해집니다.

그것 참 신기하네요. 어떤 원리로 벽지가 깨끗해지는 것이지요?

식빵이 벽지의 때를 지우는 원리는 간단합니다. 식빵의 면에는 작은 구멍들이 있지요? 그 구멍들 사이에 때 입자들이 들어가 청소가 되는 거죠.

정말 신기하군요.

알고 보면 이런 원리를 이용한 것이 많습니다. 지우개나 숯도 이런 식빵의 원리를 이용하여 잘못 쓰인 글자를 지우고 냄새를 빨아들이는 것이랍니다. 보이지 않는 미세한 구멍들이 그것을 해결하는 거지요.

재미있는 증언 감사합니다. 판사님, 증인의 말대로 식빵은 정말 벽지를 청소할 때 걸레 대용으로 사용할 수 있습니다. 그것을 알고 있던 피고인은 식빵이 유통 기한이 지났을 때 그것을 걸레 대용으로 팔겠다고 생각을 했겠죠. 그런데 그것을 몰랐던 원고가 무작정 식빵을 버리자 피고인이 화가 난 것입니다. 상품을 버린 것과 마찬가지니 피고인이 화를 낸 것은 당연합니다.

판결하겠습니다. 식빵이 걸레 대용의 역할을 할 수 있다는 것이 사실이므로 피고가 빵을 걸레로 판매하는 일이 가능하고, 그것을 버린 원고에게는 잘못이 있습니다. 물어보지도 않고 무작정 버린 것이 그 잘못이지요. 하지만 유통 기한이 지날 때가 됐을 때 그것을 미리 알려 주지 않았던 피고에게도 잘못이 있습니다. 그런데다 무작정 화를 낸 것 역시 피고에게 잘못이 있지요. 즉, 쌍방 모두에게 잘못이 있으므로 서로 잘못을 인정하고 사과할 것을 판결합니다.

재판이 끝난 뒤 최소금 씨는 돈벌어 군에게 무작정 화를 낸 자신의 행동을 사과했고, 돈벌어 군 역시 물어보지 않고 물건을

처리한 것에 대해 사과를 했다. 그 사건이 있은 후부터 유통 기한이 지난 빵은 돈벌어 군이 걸레 상품 진열장으로 옮겨 걸레로 팔았다.

숯

숯은 나무를 섭씨 600℃에서 900℃의 온도로 일차적으로 탄화시킨 것을 말한다. 숯에는 맛과 냄새가 없으며, 탄화 과정에서 생기는 작은 구멍들로 인해 각종 불순물이나 오염 물질을 흡수하는 효과가 있다. 일반적으로 숯을 구성하는 성분은 탄소가 가장 많은 85%를 차지하고, 수분이 10%, 미네랄이 3% 포함되어 있다. 그리고 그 밖에 적은 양의 휘발 성분이 들어 있다.

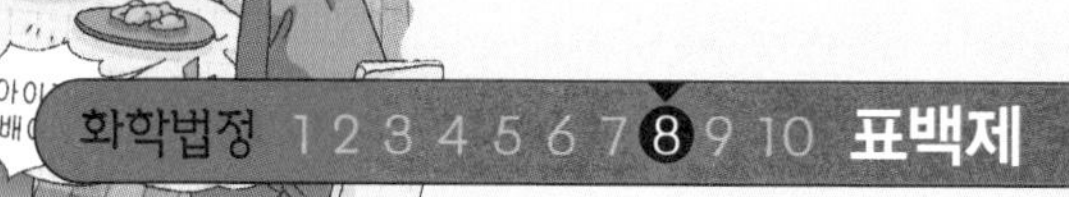



# 겉과 속이 다른 과일 요리

과일을 표백제로 닦아 먹으면 어떻게 될까요?

"나는 꼭 일류 요리사가 되겠어!"

식당이 유난히 많은 동네에서 자란 왕요리 씨는 어릴 때부터 음식 만들기를 좋아했다. 그래서 왕요리 씨의 꿈은 항상 최고의 자장면을 만드는 요리사가 되는 것이었다.

"주방 보조라, 이거 재밌겠는데?"

길을 가다가 왕요리 씨는 전봇대에 붙어 있는 〈이탈리안 샐러드 바〉의 주방 보조를 구한다는 전단지를 보게 되었다. 그리고는 주저하지 않고 〈이탈리안 샐러드 바〉로 찾아갔다.

"안녕하세요, 여기가 주방 보조를 구하는 〈이탈리안 샐러드 바〉인가요?"

"아. 전단지 보고 왔나? 그래, 잘 왔네."

"그럼 주방 보조 일을 할 수 있나요?"

"먼저 온 사람이 임자야, 자네가 먼저 왔으니 당장 일을 시작하게."

왕요리 씨는 쉽게 주방 보조가 되었고 왕요리 씨는 이제 요리를 할 수 있다는 생각에 들뜬 마음으로 주방에 자리를 잡고 있었다. 하지만 그런 왕요리 씨를 보고서 주인인 김신선 씨가 소리쳤다.

"거기서 뭐하나? 걸레 들고 와서 바닥이나 닦지 않고."

"네? 바닥이요?"

왕요리 씨는 혹시 잘못 들은 것은 아닌가 싶어 다시 물었다. 하지만 김신선 씨는 직접 걸레까지 챙겨 주며 바닥을 닦으라고 할 뿐이었다.

"처음 들어오면 다 바닥부터 닦는 거야!"

왕요리 씨는 울며 겨자 먹기로 걸레를 받아 바닥 이리저리를 닦았다. 주방 보조라고 해서 바로 주방에 들어가는 줄 알았던 왕요리 씨는 실망을 감출 수 없었지만 그래도 곧 요리를 할 수 있을 거라는 생각으로 며칠을 청소만 했다. 그리고 며칠이 지난 뒤 사장인 김신선 씨가 왕요리 씨를 불렀다.

"자. 걸레질 하느라 힘들었지? 수고했네."

"저 그럼 다른 일을 시키시려는 겁니까?"

"그래. 오늘부터는 설거지를 하게!"

"설거지요? 이때까지 청소했는데 이젠 설거지까지요? 저는 칼을 잡고 싶습니다!"

왕요리 씨는 다시 며칠 동안 설거지만 할 것을 생각하니 눈앞이 깜깜했다. 그래서 김신선 씨에게 큰맘 먹고 자신의 생각을 얘기했다. 예상외로 김신선 씨는 화를 내기는커녕 고개를 끄덕이며 말했다.

"그래, 자네가 드디어 칼을 쥘 때가 온 것 같군. 그럼 오늘부터 주방으로 들어가도록 하지."

"이제 주방에 들어갈 수 있는 겁니까?"

"물론이네. 자, 어서 들어가세."

"야호! 드디어!!"

왕요리 씨는 싱글벙글 웃으며 김신선 씨를 따라 주방으로 들어갔다. 주방에서는 한창 과일 샐러드를 만드느라고 바쁜 모습이었다. 이제 환상의 샐러드를 만드는 방법을 알려 주시려나 생각했던 왕요리 씨의 기대와는 달리 김신선 씨는 왕요리 씨를 주방의 가장 구석으로 데려갔다.

"샐러드 만드는 방법을 알려 주시려는 겁니까?"

"샐러드라니? 들어온 지 얼마나 되었다고. 여기 자네가 해야 할 일이 있네."

김신선 씨가 꺼내온 것은 표백제였다.

"이게 뭡니까?"

"보면 모르겠나? 어허! 돋보기를 껴야겠구먼. 샐러드의 포인트는 과일과 야채의 색에 있네. 이 표백제를 사용하면 과일과 야채의 색을 가장 아름답게 만들 수 있지. 오늘 손님이 많을 테니 주방에 있는 과일과 야채에 표백제를 뿌리게. 이런 일부터 해야 자네는 진정한 샐러드의 고수가 될 수 있는 거야."

"알겠습니다."

왕요리 씨는 주방에 쌓여 있는 과일의 껍질을 벗긴 후 표백제를 뿌렸고, 야채는 샐러드용 길이로 자른 후에 표백제를 듬뿍 뿌렸다.

그리고 잠시 후, 샐러드 바에는 젊은 남녀들이 들끓기 시작했다. 김신선 씨는 갑자기 들이닥친 단체 손님들을 보고 연신 싱글벙글 하면서 주방에 샐러드를 빨리 내어 놓으라고 다그쳤다.

왕요리 씨는 김신선 씨에게 잘 보일 생각으로 야채와 벗긴 과일에 표백제를 왕창 사용했다. 김신선 씨의 말대로 표백제를 뿌린 과일과 야채는 이 세상 어느 야채보다도 신선해 보였다.

그런데 잠시 후 샐러드 바에는 난리가 났다. 왕요리 씨가 손질한 재료로 만든 샐러드를 먹은 손님들이 복통을 호소한 것이었다. 결국 손님들은 병원으로 실려 갔으며 손님들의 가족은 의사로부터 표백제 과다 복용이라는 말을 듣고는 표백제를 음식에 사용한 왕요리 씨와 사장을 화학법정에 고소했다.

표백제의 원료인 아황산염을 많이 먹으면
두통이나 복통 또는 기관지염을 일으킬 수 있습니다.

**표백제를 많이 사용하면 어떻게 될까요?**
화학법정에서 알아봅시다.

재판을 시작하겠습니다. 피고 측 변론하십시오.

우리가 얼굴이 더러워지면 비누로 세수를 하고 머리가 지저분해지면 샴푸로 머리를 감듯이 과일이나 야채의 색이 변하면 표백제로 처리하는 것은 당연한 것입니다. 그런데 이번 사건을 원고 측은 표백제 때문이라고 단정을 짓는데 그것은 옳지 않다는 것이 본 변호사의 생각입니다. 뭔가 다른 이유가 있다고 생각하는 바 재조사를 요청합니다.

재판을 지켜본 후에 재조사 여부를 결정하기로 하죠. 원고 측 변론하십시오.

중학교 과학교사인 과학잘해 씨를 증인으로 요청합니다.

키가 작고 안경을 쓴 20대 남자가 증인석으로 나왔다.

증인은 무슨 일을 하는지 설명해 주십시오.

저는 인근 중학교에서 과학 과목을 가르치는 교사를 하고 있습니다.

표백제라는 게 뭐죠?

일단 껍질을 벗긴 과일은 표면의 색이 변하는 갈변 현상이 일어나서 보기에 좋지가 않습니다. 그래서 일부 음식점에서는 인체에 해로운 표백제를 사용하여 원래의 과일 색으로 만들려고 하지요.

갈변 현상이 뭐죠?

갈변 현상이란 껍질을 벗긴 과일이 공기 중의 산소와 만나 산화되어 갈색으로 변하는 것을 말합니다.

그렇군요. 그렇다면 표백제가 왜 해롭죠?

표백제는 주로 아황산염을 사용하는데, 아황산염을 많이 먹으면 머리가 아프거나 복통 또는 기관지염을 일으킬 수가 있지요.

그렇군요. 그렇다면 왕요리 씨보다는 인체에 유해한 표백제를 사용하도록 지시한 김신선 씨의 책임이 더 크군요. 그렇죠? 판사님.

판결합니다. 사람이 먹는 음식은 맛으로 승부를 걸어야지 음식의 겉모양으로 승부를 걸어서는 안된다고 생각합니다. 음식을 먹고 건강해지려는 사람들에게 건강을 해치는 표백제를 사용하다니요. 〈이탈리안 샐러드 바〉에 무기한 영업금지 조치를 취하겠습니다.

재판이 끝난 후 과학공화국에서는 아황산염이 들어 있는 표백제를 음식에 사용하는 것을 금지하는 법을 만들었다. 그 후 다시는 표백제 때문에 병원에 실려 가는 사람은 없었다.

## 산화

물질이 공기 중의 산소와 반응하여 변화하는 것을 산화라고 한다. 금속이 녹스는 것이나 갈변 현상, 그리고 물질이 타는 연소 반응 등이 모두 산화현상의 일종이다.

# 땅콩 캔을 흔들어 주세요

땅콩 캔 속에서 큰 땅콩을 골라 먹을 수 있는 방법은 무엇일까요?

술이좋아 씨는 유난히 술을 좋아했다. 술을 많이 먹는 편은 아니지만 진솔하게 술 한 잔 먹는 자리가 좋고 그 분위기를 좋아했기 때문에 술이좋아 씨는 술을 자주 마셨다. 날씨가 좋으면 좋아서 친구들과 술을 마시고 날씨가 좋지 않으면 날씨가 좋지 않다고 친구들과 술을 마셨다. 비가 억수같이 내리던 장마철의 어느 날이었다. 술이좋아 씨는 어김없이 술이 생각났다.

"이렇게 비오는 날이면 술 한 잔 먹어야 하는데."

술이좋아 씨는 창밖에 비오는 걸 보며 혼자 술을 먹기 위해 슈퍼에 가서 술과 안주를 샀다.

"매번 땅콩 캔만 사가는 것 같아?"

계산을 하던 아주머니가 자주 술을 사러 오는 술이좋아 씨를 알아보고 말했다. 그의 안주는 언제나 땅콩 캔이었기 때문에 기억을 하고 있었던 것이다.

"이건 그냥 따서 먹기만 하면 되잖아요."

"그래서 항상 땅콩 캔만 사가는 거야?"

슈퍼 아주머니는 기가 막힌다는 듯이 웃었고 술이좋아 씨는 멋쩍은지  손으로 머리를 긁으며 말했다.

"네. 다른 건 굽고 데우고 하기 귀찮아서요."

술이좋아 씨는 알아주는 귀차니스트였다. 자세히 말하자면 집에서 나오는 걸 귀찮아해서 술을 사러올 때나 친구들과 술을 마시기 위해서가 아니면 슈퍼에 나오는 것도 귀찮아하는 술이좋아 씨였다. 그렇기 때문에 슈퍼에 오는 건 항상 술과 땅콩 캔을 사러올 때뿐이었다.

"안녕히 계세요~"

술이좋아 씨는 우산을 쓰고 봉지 가득 술과 땅콩 캔을 들고 집으로 돌아왔다. 아직 밖에는 장대비가 주룩주룩 내리고 있었다. 비오는 소리를 들으며 술이좋아 씨는 상을 차리고 술과 땅콩 캔을 꺼냈다.

"역시, 이런 날에는 술을 먹어 줘야 해."

잔에 술을 따라 마시면서 술이좋아 씨는 젓가락으로 땅콩을 집어 먹으려고 했다. 하지만 언제나처럼 젓가락에 땅콩이 한 번에 잡히는 때가 없었다. 술이좋아 씨는 항상 몇 번이나 젓가락질을 해야지 겨우 안주로 땅콩 하나를 먹을 수 있었다.

"이거 원. 땅콩하나 먹기 힘드네."

마치 땅콩이 젓가락을 피해 달아나는 것 마냥, 젓가락으로 집으려고 할 때마다 땅콩은 매 번 피해갔다. 그래서 온 정신을 집중해야 겨우 땅콩 하나씩을 집어 먹을 수 있었다. 이러니 땅콩을 집어 먹는 게 여간 귀찮은 게 아니었다. 그 때문에 술이좋아 씨는 항상 땅콩 캔에 땅콩이 반이나 남았어도 조금만 먹고 버리기 일쑤였다. 그렇게 며칠이 지나고 오랜만에 술이좋아 씨의 집에 친구들이 모이게 되었다.

"역시 술 좋아하는 녀석이라 집에 오니 술병뿐이네!"

친구들도 역시 술을 가득 사왔다. 그리고 술이좋아 씨가 땅콩 캔을 안주로 자주 먹는 걸 알기 때문에 술과 함께 땅콩 캔도 사왔다.

"역시 술을 사왔구나!"

"네가 술 안 사오면 문 안 열어 준다며?"

"내가 언제 그랬냐! 반갑다, 어서 들어와."

술이좋아 씨는 오랜만에 만난 친구들을 반갑게 맞았다. 그리고 어김없이 술자리를 만들었다. 간만에 만난 친구들이라 그동안 못 한 말도 많아 모두 앉아 재밌게 이야기를 주고받으며 즐겁게 시간을 보내고 있었다. 그때 한 친구가 말했다.

"그런데 안주가 땅콩 캔 밖에 없네."

술이좋아 씨 때문에 안주로는 땅콩 캔 밖에 안 사와서 정말 안주라고는 땅콩밖에 없었다. 뭔가 다른 걸 먹고 싶어진 친구들이 술이좋아 씨에게 말했다.

"가서 맛있는 안주 좀 사와. 오징어나 소시지 그런 거 말이야."

"가기 귀찮아!"

"너희 집 근처 슈퍼인데, 네가 가야지."

"그냥 땅콩 캔이나 먹자."

땅콩 캔이 있으니 다른 안주가 생각나지 않는 술이좋아 씨는 역시나 나가기를 귀찮아했고, 결국 모두 계속 땅콩만을 안주로 술을 먹게 되었다. 하지만 친구들 중에서도 땅콩을 쉽게 집어먹는 사람이 없었다. 모두 젓가락질을 몇 번이나 해야지만 하나가 잡힐 정도였다.

"이래 가지고 캔에 있는 땅콩을 언제 다 먹지?"

친구들은 땅콩을 먹는데 어려움을 호소하며 일찍이 다른 안주를 사러 가지 않은 술이좋아 씨를 구박했다.

"그래서 나도 조금만 먹고 버려, 다 먹으면 젓가락질 하는 손가락에 쥐가 날지도 모르잖아."

"하하하. 그러면서 다른 안주는 왜 안 먹어?"

"오징어랑 소시지는 굽기가 귀찮아서."

"에구~ 귀찮아서 어떻게 숨은 쉬고 있나 몰라."

"하하하하."

친구들은 게으른 술이좋아 씨를 놀리며 웃었다. 그러던 중 옛날부터 똑똑하다는 소리를 들었던 친구가 땅콩을 하나 집어 들며 얘기했다.

"이 땅콩이 컸으면 잘 잡힐 텐데. 이렇게 작으니깐 잡히지가 않지."

"아, 그래. 땅콩이 작아서 그렇구나!"

술이좋아 씨를 포함해 다른 친구들 모두 고개를 끄덕이며 친구의 말에 수긍했다. 그리고 계속 다른 안주가 먹고 싶다는 친구들의 구박에 결국 술이좋아 씨는 근처 슈퍼에 새로운 안주를 사러 갔다. 귀찮지만 오랜만에 온 친구들을 위해 어쩔 수 없이 나온 것이었다. 그리고 슈퍼에 가서 소시지와 오징어를 몇 개 골라 계산대에 올려놨다.

"오늘은 다른 안주 사네. 이제는 땅콩 캔에 질렸어?"

"그게 아니라 친구들이 와서요."

슈퍼 아주머니가 잔돈을 거슬러 주려고 할 때 술이좋아 씨는 땅콩이 작다는 친구의 말이 생각났다. 그래서 슈퍼 아주머니에게 말했다.

"그런데 땅콩 캔에 있는 땅콩이 왜 이렇게 작아요?"

"응? 땅콩이 작다고?"

아주머니는 의아해 하며 술이좋아 씨를 쳐다봤다.

"네! 매 번 먹을 때마다 너무 작아서 불만이에요!"

"땅콩이야 원래 그렇게 작잖아."

"이렇게 땅콩이 작은데 그걸 어떻게 먹으라는 거죠?"

"아니, 땅콩 작은 거 모르고 먹나, 원래 땅콩이 그렇게 생겼는데 어떻게 해?"

술이좋아 씨는 슈퍼 아주머니가 땅콩이 작은 게 당연하다는 식으로 받아들이자 화가 났다. 그것 때문에 지금까지 반도 안 먹고 버린 땅콩 캔만 해도 몇 십 개는 되기 때문이었다.

"그렇게 작은 땅콩을 먹으라고 파는 것도 이상하다고요!"

술이좋아 씨는 그렇게 작은 땅콩을 먹으라고 파는 것은 말도 안 된다며 슈퍼 아주머니를 화학법정에 고발했다.

땅콩 캔을 흔들면 땅콩 사이에 공간이 생겨
작은 땅콩이 아래로 떨어지면서 큰 땅콩을 먹을 수 있답니다.

## 여기는 화학법정

**땅콩 캔의 땅콩이 왜 작을까요?**
화학법정에서 알아봅시다.

재판을 시작합니다. 먼저 피고 측 변론하세요.

땅콩 캔을 피고가 만들었습니까? 그건 땅콩 캔 회사에서 만든 거잖아요? 피고가 땅콩 캔을 받았을 때 땅콩이 큰 게 들어있는지 작은 게 들어있는지 어떻게 알아요? 그러므로 피고는 작은 땅콩에 대해 책임이 없다는 게 저의 의견입니다.

원고 측 변론하세요.

땅콩 캔 연구소의 간당공 소장을 증인으로 요청합니다.

땅콩처럼 키가 아주 작고 뚱뚱한 남자가 증인석으로 들어왔다.

증인도 땅콩 캔을 자주 먹죠?

물론이죠. 안주로 딱이죠.

땅콩 캔에는 작은 땅콩만 들어 있나요?

아니요, 저는 주로 큰 땅콩을 골라 먹어요.

어떻게 골라먹죠?

땅콩 캔을 흔들어주면 큰 땅콩이 위에 오게 할 수 있어요.

잘 이해가 안 가는군요. 다시 한 번 설명해주시겠습니까?

일반적으로 땅콩 캔 속에서 무거운 큰 땅콩은 아래쪽에 있고, 가벼운 작은 땅콩은 위에 올라와 있죠. 그러니까 땅콩 캔을 그냥 따면 주로 작은 땅콩들만 보이는 거죠. 그런데 땅콩 캔을 흔들어 주면 바닥에 있는 큰 땅콩들이 움직이면서 공간을 만들게 되는데 이 공간을 통해 위에 있던 작은 땅콩들이 아래로 떨어지게 되지요. 그래서 큰 땅콩을 먹을 수 있는 거예요.

내용이 화학과 관련이 없어 보이는데요?

그렇지 않아요. 화학에서 여러 가지 혼합물의 분리라는 단원이 있어요. 채를 이용하여 큰 입자와 작은 입자를 분리하거나 자석을 이용하여 모래와 철가루를 분리하는 것 등의 내용들을 다루지요. 땅콩 캔을 흔드는 것은 이와 마찬가지로 공간을 이용하여 작은 입자가 아래로, 큰 입자가 위로 오게 만드는 것이므로 혼합물의 분리 과정과 유사해요. 예를 들어 찬물은 무겁고 뜨거운 물은 가볍기 때문에 두 물을 섞으면 찬물이 아래에, 뜨거운 물이 위에 생기는데 물통을 흔들어 주면 골고루 섞이는 것도 이와 비슷하게 혼합물을 분리하는 과정이지요.

그렇군요. 말씀 감사합니다.

판결합니다. 사람들이 땅콩 캔을 따고 전부 먹지 않을 수도

있으므로 슈퍼 아주머니는 손님들에게 땅콩 캔을 건네줄 때 한 번 크게 흔든 다음 주는 것도 새로운 서비스라는 생각이 듭니다. 피고는 이 점을 반영하여 가게를 운영하기 바랍니다.

재판 후 모든 땅콩 캔 가게에서는 땅콩 캔을 슈퍼에서 먹는 사람들에게는 땅콩 캔을 흔들어 주었다.

## 소금과 후춧가루의 분리

소금과 후춧가루는 정전기를 이용하여 분리할 수 있다. 플라스틱 숟가락을 털옷에 오래 문지른 다음 소금과 후춧가루가 섞여 있는 곳에 가져다 대면 정전기 때문에 소금보다 가벼운 후춧가루가 숟가락에 붙어 소금과 분리가 된다.

# 안 터지는 팝콘

아무 옥수수나 튀기면 팝콘이 될 수 있을까요?

시골에서 크게 옥수수를 재배하는 강냉이 씨가 있었다. 강냉이 씨는 어릴 때부터 옥수수를 좋아했다. 그래서 옥수수를 많이 먹기 위해 옥수수 재배를 시작했는데, 그게 점점 커져 보다 넓은 땅에서 많은 옥수수를 재배하게 되었다. 그러나 그런 강냉이 씨의 열정과 달리 요즘 옥수수가 팔리지 않아 걱정이었다.

"요즘 다들 빵 먹고 밥 먹지, 옛날처럼 옥수수 먹는 사람이 없으니 팔리지를 않아."

매년마다 많은 옥수수가 수확이 되지만 좀처럼 팔리지를 않자 옥수수가 창고에만 가득히 쌓여갔다. 그러던 중 강냉이 씨는 기분 전환 겸 조카와 놀아줄 겸 영화를 보러 갔다.

"삼촌, 우리 저거 보자."

영화관에서 귀여운 조카가 가리킨 것은 요즘 흥행하고 있다는 〈웰컴 투 옥막골〉이었다. 강냉이 씨는 딱히 보고 싶었던 영화가 없었기 때문에 조카가 보자는 대로 〈웰컴 투 옥막골〉을 보기로 했다.

"삼촌, 나 팝콘도 먹고 싶어!"

"팝콘도 먹고 싶어? 우리 조카가 먹고 싶다는데 사 줘야지. 그런데 줄이 너무 기네."

강냉이 씨는 조카의 팝콘을 사기 위해 줄을 서서 기다려야 했다. 대부분의 사람들이 영화를 볼 때 꼭 팝콘을 먹기 때문에 팝콘을 사려는 사람들이 많아서였다. 그 때문에 팝콘기계도 많았지만 워낙 사람이 많아서 쉽게 감당해낼 수가 없었다. 결국 강냉이 씨는 길고 긴 줄을 다 기다린 후에야 팝콘을 살 수 있었고 조카는 좋아라하며 팝콘을 들고 영화관에 들어갔다. 영화가 시작되고 강냉이 씨는 조카 옆에서 졸린 눈으로 영화를 보고 있었다. 그때 영화에서 강냉이 씨의 눈길을 끄는 장면이 나왔다.

"우와! 저것도 팝콘이네!"

옥수수를 넣어놓은 곳에 불이 나 터지면서 옥수수 알갱이들이 팝콘으로 변하는 장면이었다. 조그맣던 알갱이가 불에 터지면서 새하얀 꽃처럼 하얀 팝콘으로 변해 하늘로 날아가고 있었다. 옆에 있던 조카도 영화에 나온 팝콘이 자기가 먹고 있던 팝콘과 똑같다며 신기해하고 있었다. 그때 불현듯 강냉이 씨의 머리에 기가 막힌 아이디어가 떠올랐다.

'우리 집에 쌓인 옥수수도 팝콘이 될 수 있다는 말이지. 그렇다면 극장에 우리 옥수수를 팔면 되겠구나!'

강냉이 씨는 자신의 생각에 자신이 감탄하며 영화가 얼른 끝나기만을 기다렸다. 영화가 끝나자마자 강냉이 씨는 집으로 돌아와 이 계획을 아내에게 말했다.

"정말 옥수수가 팝콘이 된다, 그 말이에요?"

"그래, 내가 영화에서 똑똑히 봤다니깐. 그러니깐 이 옥수수 알갱이들을 조금 싸게 팔면 되는 거야. 어차피 쌓아 두면 썩기밖에 더하겠어?"

"그건 그렇죠. 그럼 그렇게 합시다."

강냉이 씨는 그 다음날 바로 영화를 봤던 무비 극장을 찾아갔다. 어제 팝콘을 사면서 팝콘 기계가 많은 것을 봤기 때문이었다. 극장관계자가 나와서 강냉이 씨를 맞았다.

"무슨 일로 오셨습니까?"

"팝콘 때문에 그런데요. 옥수수 알을 공급하고 싶어서요."

"아, 그런 일이라면 저희는 벌써 다른 곳과……."

극장 관계자는 이미 계약되어 있는 곳이 있기 때문에 강냉이 씨를 되돌려 보내려고 했다. 하지만 강냉이 씨가 파격적인 제안을 하자 극장 관계자도 관심을 보이기 시작했다.

"저희가 다른 집보다 훨씬 저렴한 가격으로 제공할게요."

"훨씬 저렴한 가격으로요?"

"네. 밑지고 하는 장사지만, 그래도 안 파는 것보다 낫죠. 그리고 여기 팝콘 기계도 많고, 팝콘 사는 사람도 많던데, 옥수수 알 많이 안 필요하세요?"

"필요하기야 하지만……."

"저희는 저렴한 가격, 우수한 품질을 약속합니다!"

강냉이 씨는 노련한 말솜씨로 극장 관계자를 설득했고 결국 극장 관계자는 저렴한 가격으로 강냉이 씨에게 옥수수 알을 공급받기로 결정했다. 그리고 그 이후로 강냉이 씨가 훨씬 저렴한 가격에 옥수수 알을 판다는 소문이 다른 극장에까지 퍼지자 직접 거래를 하자는 극장까지 생겨났다.

"물론이죠. 그 가격에 제공하는 겁니다."

"그럼 저희 CGW 극장과도 계약을 맺읍시다."

이렇게 해서 강냉이 씨는 며칠 만에 많은 극장에 옥수수 알을 공급하기로 하였다. 계약을 맺은 후 강냉이 씨는 옥수수를 트럭에 실어 극장마다 공급하기 시작했다. 많은 옥수수를 공급하고 돈을 받은 강냉이 씨는 흐뭇한 미소를 지으며 기분 좋게 있었다. 창고에 있는 옥수수는 점점 줄어들고 지갑은 점점 두꺼워졌기 때문이었다.

"나는 이제 곧 부자가 될 거야!"

하지만 싱글벙글 하던 강냉이 씨의 얼굴은 얼마 지나지 않아 다시 어두워졌다. 거래를 맺은 무비 극장에서 며칠 만에 연락이 온 후의 일이었다. 강냉이 씨가 좋은 기분으로 내일 공급할 옥수수를 정리하던 중, 무비 극장에서 전화가 걸려왔다.

"무비 극장 사장님, 웬일이세요? 옥수수 알 더 드릴까요?"

강냉이 씨는 반갑게 전화를 받았지만 무비극장 사장의 반응은 냉담했다.

"아니, 옥수수 알이 터지지가 않는데 뭘 더 받아요!"

"네? 옥수수 알이 터지지가 않아요?"

강냉이 씨는 당황하여 되물었다. 분명 영화에서 옥수수 알이 하얗게 팡팡 터진 것을 두 눈으로 똑똑히 봤던 강냉이는 그 말을 의심할 수밖에 없었다.

"기계가 잘못된 거 아닙니까?"

"저희도 그런 줄 알고 모든 기계에 다 해보았지만 전부 팝콘이 되지 않았다고요!"

"그럴 리가 없습니다. 분명 팝콘이 될 텐데……."

"우수한 품질이라면서요, 어떻게 된 거예요! 이거 순 사기꾼 아니야?"

전화를 끊고 나서 한숨만 쉬고 있는데, 또 다른 극장에서도 옥수수 알이 팝콘으로 변하지 않는다며 전화가 왔다.

"팝콘이 준비가 안 돼서 영화를 환불해 달라는 손님까지 있어요. 이거 어떡할 겁니까!"

생각보다 극장의 피해는 컸고 극장 측은 이것이 다 이상한 옥수수 알을 준 강냉이 씨 때문이라고 생각했다. 그래서 극장 측에서는 강냉이 씨를 화학법정에 고소하였다.

팝콘을 만들 때는 수분이 많고 껍질이 단단한
폭립종 옥수수가 아니면 팝콘이 만들어지지 않습니다.

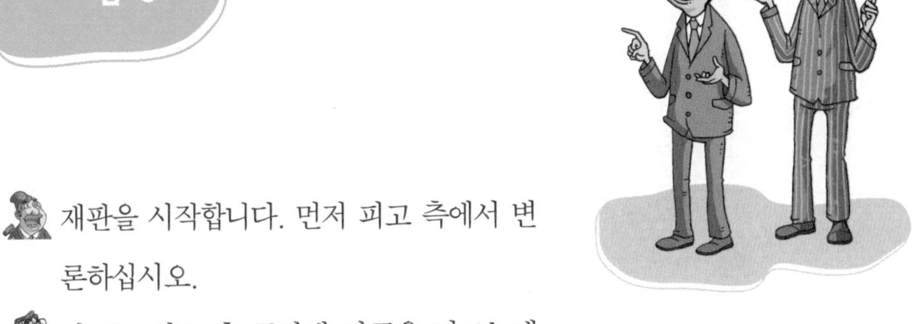


재판을 시작합니다. 먼저 피고 측에서 변론하십시오.

피고는 원고 측 극장에 팝콘을 만드는데 사용될 옥수수 알을 제공했습니다. 원래 옥수수를 제공받던 곳보다 훨씬 싼 가격으로 제공을 했지요. 피고가 수확한 옥수수는 키우는 과정이나 수확하는 과정에서 잘못된 과정을 거치지 않았습니다. 말 그대로 최상급의 옥수수이지요. 그러므로 제품에는 아무 하자가 없습니다. 그런데 옥수수 알이 팝콘이 되지 않았다면 팝콘을 만드는 기계가 고장이 난 것은 아닐까요? 그리고 이미 계약이 끝났는데 모두 환불을 한다는 것은 말이 안 됩니다. 따라서 피고 측은 원고 측의 피해를 보상할 수 없습니다.

원고 측 변론하세요.

폭립종 옥수수의 재배자인 옥수수를팝콘으로 군을 증인으로 요청합니다.

햇볕을 가리기 위해 큰 챙이 달린 모자를 쓴 20대 후반의 남자가 증인석으로 나왔다.

증인은 무슨 일을 하십니까?

저는 팝콘을 만드는 옥수수인 '폭립종' 옥수수를 재배하는 농부입니다.

'폭립종' 옥수수요? 그렇다면 팝콘은 만드는 옥수수가 따로 있다는 말입니까?

그렇습니다. 팝콘을 만드는 데 사용되는 옥수수는 제가 재배하는 '폭립종' 옥수수로, 그 종류의 옥수수가 아니면 팝콘이 만들어지지 않습니다.

그것은 왜 그렇죠?

팝콘을 만들기 위해서는 수분이 많이 함유된 옥수수 알이 필요합니다. 그런데 다른 옥수수들은 껍질이 얇아 가열하면 수분이 빠져나가 버리죠. 그런데 폭립종 옥수수는 단단한 껍질의 옥수수입니다. 그리고 옥수수 알 하나에 약 13.5에서 14퍼센트 정도의 수분이 함유되어 있습니다. 그래서 '폭립종' 옥수수를 가열하면 이 수분이 증기로 변하면서 옥수수 알 안의 압력을 증가시키고 결국 옥수수 알이 터져서 팝콘이 되는 것이지요.

그렇군요. 특정 종의 옥수수가 아니면 팝콘이 되지 않는군요?

그렇습니다. 다른 옥수수들은 열에 의해 만들어진 수증기가

구멍으로 다 빠져나가기 때문에 팝콘처럼 튀겨지는 것이 아니라 타게 되는 것이죠.

그러면 수분을 함유한 다른 곡식들도 그 때문에 튀겨지지 않는 건가요?

네. '폭립종' 옥수수는 쌀이나 밀과는 다르고 보통 옥수수 알갱이와도 다른 단단한 껍질이 옥수수 알을 싸고 있습니다. 팝콘용 옥수수 껍질에는 수분이 투과할 수 있는 공기구멍이 없지요. 다른 곡식들의 껍질은 수분이 드나들 수 있는 미세한 구멍들이 있어서 압력이 충분히 높아지면 수증기는 그 안에 갇혀있지 않고 빠져나갑니다. 그래서 이 곡식들은 볶을 수는 있지만 팝콘처럼 부풀어 터지지는 않지요.

그렇다면 '폭립종' 옥수수를 이용하면 팝콘을 만들 수 있겠군요?

네, 하지만 특별한 껍질을 가진 '폭립종' 옥수수도 항상 팝콘이 되는 것은 아니에요. 팝콘이 잘 튀겨지려면 두 가지 중요한 조건이 갖추어져야 되죠.

두 가지 중요한 조건이요? 그게 뭐죠?

첫째로는 수분의 비율이에요. 수분의 양이 너무 적으면 증기의 압력이 약해 가볍고 커다란 팝콘이 되지 못하고 딱딱하고 조그만 크기의 덜 튀겨진 팝콘이 되죠. 두 번째로는 껍질에 상처가 있거나 갈라지면 안 됩니다. 아주 작은 상처로도 압력이 샐 수 있고, 적당한 압력이 유지되지 않으면 팝콘이 튀겨지지 않거든요. 적당한 수분과 완전무결한 껍질을 유지하고 있는 팝콘용 옥수수만이 사람들이 좋아하는 팝콘이 되는 거죠.

그렇다면 우리나라 사람들이 좋아하는 강냉이의 원료도 '폭립종' 옥수수인가요?

아닙니다. 강냉이와 팝콘은 사용되는 옥수수의 종류가 다릅니다. 만들어지는 방식도 다르죠. 우리나라 강냉이는 흔히 찰옥수수라고 하는 '납질종' 옥수수로 만듭니다. 강냉이는 밀폐된 용기에 찰옥수수를 넣고 온도를 높여 용기 속 압력이 올라가게 만들어 어느 순간 닫혀 있던 뚜껑을 열면 압력이 급격히 떨어지면서 옥수수가 먹기 좋게 부풀어 오르게 되는 방식을 취해요. 튀기는 팝콘과는 다른 방법이죠.

그렇군요. 옥수수에 대한 많은 정보 감사합니다. 판사님, 이번 사건은 피고 측이 팝콘을 만들 수 없는 옥수수를 원고 측의 극장에 납품했기 때문에 일어난 것입니다. 팝콘을 만드는 옥수수는 피고가 재배한 옥수수와는 다른 종류인데 그것을 몰랐던 것이지요. 그로 인해 원고 측은 많은 양의 옥수수를 납품받았지만 팝콘이 만들어지지 않아 팝콘을 팔수가 없었습니다. 따라서 제대로 된 제품을 납품하지 못한 피고는 원고 측의 손해에 대해 보상을 해야 한다고 생각합니다.

판결합니다. 피고 강냉이 씨는 팝콘을 판매하는 극장에 옥수수 알을 납품할 것을 계약하고, 옥수수 알을 주었지만 그 옥수수 알은 팝콘을 만들 수 없는 옥수수였습니다. 그것을 모르고 피고의 옥수수 알로 팝콘을 만들려 했던 원고 측은 팝콘이 만들어지지 않아 피해를 보았습니다. 이는 분명히 팝콘을 만들 수 있는 옥수수인지 아닌지 제대로 알지 못하고 판매를 한 피고에게 잘못이 있는 것으로 보입니다. 설령 피고가 그 사실을 몰랐다고 하더라도 원고 측에게 팝콘을 팔지 못하는 피해를 입혔으므로 그에 따른 보상을 해야 한다고 판단됩니다. 그러므로 피고는 원고 측에게 피해를 보상하고 피고가 가진 옥수수는 팝콘을 만드는 데 쓰이는 옥수수로 계약할 수 없음을 판결합니다. 이상으로 재판을 마칩니다.

재판이 끝난 뒤 강냉이 씨는 자신의 옥수수 알을 계약한 모든 극장들과 계약이 파기되었다. 그 후 강냉이 씨는 옥수수 농사를 그만두었다.

기화

액체는 열을 받으면 기체로 변한다. 이때 필요한 열을 기화열이라고 부르며, 액체가 기체로 변하면 부피가 늘어나게 된다.

# 모두 탄 음식이잖아요?

탄 음식을 먹으면 건강에 나쁠까요?

웰빙 전문가 잘살자 씨는 오래전부터 건강에 대해서 관심이 많았다. 건강에 대해 관심을 갖고 연구한 결과, 지금은 베스트셀러가 된 《잘 먹어야 웰빙이다》라는 책까지 내며 활발한 활동을 하게 되었다. 잘살자 씨는 웰빙은 먹는 것에 달려 있다는 생각을 가지고 있었다. 그래서 그는 언젠가부터 연구를 중단하고 웰빙 음식점을 찾아다니기로 했다. 실제로 보통 사람들이 자주 먹는 음식점을 돌아다니며 웰빙 음식점을 찾아내서 책을 쓰고 싶었기 때문이었다.

"어제는 신도시 레서스 지역에 가서 웰빙 스테이크를 먹었으니깐 오늘은 푸근한 시골집 쪽으로 가볼까?"

웰빙과 관련된 곳이라면 과학공화국 어디든지, 전국을 돌아다니면서 찾을 정도로 잘살자 씨의 웰빙 음식점에 대한 열정은 대단했다. 차 한 대에 생활에 필요한 물품이나 옷을 챙겨서 이곳저곳 음식점을 찾아 돌아다닐 정도였다. 직접 웰빙 음식점을 찾는 데 그치지 않고, 음식이 웰빙에 얼마나 도움이 되는지 느낀 점까지 일일이 적었다. 그런 잘살자 씨는 이번에 시골로 들어가기로 했다.

"비포장도로에, 소 울음소리까지 들리는 걸 보니 정말 촌이긴 촌이구나."

잘살자 씨는 차가 꽉 막힌 도시에 있다가 갑자기 트인 시골로 들어오니 꽉 막힌 마음까지도 풀리는 기분이었다. 그리고 더 이상 차로 들어갈 수 없는 곳에 다다르자 필기구와 약간의 돈을 챙긴 후 음식점이 보일 때까지 걸었다. 하지만 어디까지 가야 하는지 알 수가 없자 지나가는 사람에게 묻기로 했다.

"저기 죄송하지만, 이 근처에 음식점이 있나요?"

"음식점이라, 저기 아래에 할머니가 하시는 찌개집이 있기는 한데……."

"할머니가 하시는 찌개집이요? 맛있겠네요. 고맙습니다."

"그게…… 그……."

잘살자 씨는 농부의 마지막 말을 제대로 듣지 않고 할머니가 하시는 찌개집이 있다는 것만으로도 기대되어 재빨리 걸음을 옮겼다. 농부의 말대로 아래쪽으로 내려가니 다 낡아 빠진 간판이 근근이 매달려 있는 식당이 보였다.

"바로 여기구나!"

잘살자 씨는 드디어 찾았다는 생각에 기뻐하며 아까부터 꼬르륵 소리를 내고 있는 배를 잡고는 문을 열고 들어갔다. 안에는 할머니가 한 분 앉아계셨다.

"어서와. 밥 먹으려고?"

할머니께서는 마치 친할머니인 것 마냥 반갑게 맞아주셨다. 많이 걸었던 터라 배가 고팠던 잘살자 씨는 준비된 방에 들어가 상 앞에 앉자마자 된장찌개를 시켰다.

"할머니, 여기 된장찌개 맛있게 해 주세요!"

"알았어, 기다려."

할머니는 알았다며 조리하는 곳으로 가셨고 잘살자 씨는 시골 느낌이 물씬 풍겨나는 분위기에 대해, 그리고 할머니의 인정 많은 인사에 대해서 수첩에 몇 자 적고 있었다. 그리고 역시 음식은 시골 할머니께서 해 주시는 음식이 제일 맛있다는 생각을 정리하고 있었다. 그때 할머니께서 주방에서 나오셨다.

"잠깐, 뭐 시킨다고 했지?"

"된장찌개요."

"아, 맞다. 된장찌개라고 했지. 내 정신 좀 보게나."

할머니께서는 이제 기억나시는지 손가락으로 머리를 두드리면서 다시 주방으로 들어가셨다. 잘살자 씨는 이게 시골음식점의 매력이라고 생각하며 웃고는 아까 쓰던 것을 마저 적고 있었다. 그런데 몇 분 후 할머니께서 또다시 주방에서 나오셨다.

"된장찌개가 이렇게 빨리되나?"

잘살자 씨는 바로 밥이 나오는 줄 알고 상위에 올려두었던 수첩을 치웠다. 하지만 할머니께서는 다시 얼굴만 내밀고 물으셨다.

"뭐 시킨다고 했지?"

"저 된장찌개 시켰는데요."

"아! 맞다, 맞다. 조금만 기다려."

자꾸 뭘 시켰는지 물어보는 할머니가 불안했지만 자주 깜빡하시는 것뿐이라고 생각하며 된장찌개를 기다리고 있었다. 그런데 부엌에서 된장냄새가 나는 것 같으면서 타는 냄새도 어디선가 나는 것 같았다.

"타는 냄새는 다른 집에서 나는 거겠지."

하지만 예상과는 달리 점점 타는 냄새가 강해졌고, 주방 쪽에서 뿌연 연기가 살짝 모습을 나타내기 시작했다. 혹시 불이라도 난건 아닌가 싶어 잘살자 씨가 주방으로 들어가려던 찰나, 할머니께서 된장찌개가 담긴 냄비 하나를 들고 나오셨다.

"조금 타긴 했지만 맛있게 먹어."

잘살자 씨는 할머니께서 가져온 냄비를 보자마자 잠수할 때처럼 손으로 코를 막고 눈을 찌푸렸다. 할머니께서 가져오신 냄비에서 연기가 나고 있었다. 잘살자 씨는 타는 냄새와 뿌연 연기로 눈을 찌푸리지 않을 수가 없었다.

"할머니! 냄비에서 연기가 나는데, 어떻게 하신 거예요?"

"아, 이거? 조금 탄 거야."

"조금 탄 게 아닌 것 같은데요?"

"내가 깜빡깜빡해서 그만 된장찌개 올려놓은 걸 까먹고 또 끓이고, 까먹고 또 끓이고 하는 바람에 이만큼 타 버렸지 뭐야."

잘살자 씨가 냄비 뚜껑을 열자 거뭇거뭇하게 탄 된장찌개가 모습을 드러냈다. 이건 된장찌개라기 보다 된장이라고 말하는 게 더 정확할 정도로 타 있었다.

"이렇게 탄 음식을 어떻게 먹어요!"

잘살자 씨는 주인 할머니에게 이 음식을 못 먹겠다고 했다. 하지만 그건 할머니에게 용납될 수 없는 말이었다.

"못 먹는 게 어디 있어! 그럼 음식 값은 주고 가야지!"

"이거 한 입도 안 먹었는데 제가 왜 돈을 드려야 해요? 돈 못 드려요!"

할머니는 단호하게 나오는 잘살자 씨의 반응에 더 화를 내시며 된장찌개 값을 지불하라고 했다.

"된장찌개 안에 들어간 된장 값은 줘야지! 돈을 내!"

열심히 끓인 된장찌개를 먹어 보지도 않고 나간다는 것도 못마땅한데 돈까지 안 낸다고 하니 할머니도 기가 찰 노릇이었다. 그래서 결국 이 문제로 화학법정까지 오게 되었다.

탄 음식에는 PAHC, 벤조피렌 등의 발암 물질이 포함되어 있으므로 이를 먹을 경우 암에 걸릴 가능성이 높습니다.

**탄 것을 먹으면 암에 걸리나요?**

화학법정에서 알아봅시다.

 재판을 시작하겠습니다. 원고 측 변론하세요.

 피고는 원고의 가게에 와서 된장찌개를 시켰습니다. 그리고 깜빡깜빡하는 증세가 있는 원고는 피고에게 무엇을 주문했는지 몇 번씩 묻기는 했지만 어쨌든 된장찌개를 가져다 주었습니다. 찌개가 조금 타기는 했지만 먹지 못할 만큼은 아니었습니다. 탄 음식이라고 해도 먹는다고 죽는 것도 아닌데 왜 먹지 않는단 말입니까? 그런데 피고는 먹을 수 없다고 했고, 그러면 된장찌개의 값을 지불하고 가라는 원고의 말에 된장찌개의 값도 지불할 수 없다고 했습니다. 피고가 된장찌개를 먹었든 안 먹었든 주문을 했다면 먹겠다고 한 것이므로 값을 지불해야 하는데 그러지 않겠다고 한 것입니다. 따라서 피고 측은 원고 측에 된장찌개의 값을 지불할 것을 요구합니다.

 피고 측 변론해 주십시오.

 한식 식당의 주방장인 신토불이 씨를 증인으로 요청합니다.

배가 불뚝 튀어나온 40대 중반의 한 남성이 증인석으로 나왔다.

증인은 한식 식당의 주방장을 하고 있지요?

그렇습니다. 된장찌개부터 김치찌개를 비롯해 모든 한식을 조리할 줄 알지요.

증인은 이번 사건의 잘못이 누구에게 있다고 보십니까?

원고에게 있는 것 같습니다.

왜 그렇게 생각하십니까?

탄 음식은 몸에 좋지 않습니다. 맛이 없어 불쾌감을 줄 뿐만 아니라 건강에도 해롭죠.

탄 음식은 어떤 맛이 납니까?

탄 음식을 먹으면 쓴 맛이 납니다. 탄 부위가 쓴 맛을 내는 것은 산이 강해졌기 때문으로, 산이란 원래 신 맛을 내는 걸로 알고 있지만 산도가 강해지면 쓴 맛을 내기도 합니다. 예를 들면 오징어의 다리가 타면서 탄소와 이산화탄소 등을 만들어 내고, 그 과정에서 공기 중의 산소와 결합하면 쓴 맛을 내는 강한 산이 만들어 지지요.

그렇군요. 탄 음식을 먹으면 건강에 좋지 않다고 했는데, 탄 음식을 먹으면 암에 걸린다는 말처럼 정말 암에 걸리게 되는 것입니까?

탄 것을 먹는다고 해서 바로 암에 걸리는 것은 아닙니다. 하지만 계속적인 섭취는 암에 걸릴 확률을 높이는 것이 사실입니다. 탄 고기 등에는 PAHC, 벤조피렌 등의 발암 물질이 포함되어 있어, 이를 먹을 경우 그렇지 않은 경우에 비해 암에 걸릴 가능성이 높아지거든요. 탄 음식을 먹으면 꼭 암에 걸린다고 말할 수는 없지만 가능성은 높다고 볼 수 있으므로 가능하면 안 먹는 게 좋습니다.

판사님, 이번 사건은 원고가 피고에게 탄 음식을 주었기 때문에 일어난 일입니다. 온전한 된장찌개를 먹을 값을 치루면서 탄 음식을 먹는다는 것은 피고에게 손해입니다. 그런데다 원고 측에서는 조금 탔다고 했지만 몇 번이나 주문을 번복할 동안 된장찌개는 끓고 끓어 된장찌개가 아니라 된장이 될 정도로 양이 줄어들고 타 버렸습니다. 그런 음식을 먹으면 된장찌개의 맛이 나지 않을 뿐더러 건강에도 해롭습니다. 특히나 미식가인 피고는 그런 음식을 더 먹을 수 없었을 것입니다. 먹을 수 없는 음식을 가져다주고 제값을 지불하라는 것은 부당한 일입니다. 따라서 온전하지 못한 음식을 제공하고 제값을 지불하라고 한 원고에게 잘못이 있으므로 피고는 주문한 된장찌개의 값을 지불하지 않아도 된다고 주장합니다.

판결하겠습니다. 원고는 피고에게 된장찌개를 주문받았고, 된장찌개를 주었습니다. 하지만 그 된장찌개는 본래의 조리 시간보다 훨씬 더 많이 조리가 되어 거의 다 졸아들어 탄 것이었기 때문에 피고는 그 음식을 먹을 수 없다고 했습니다. 원고는 피고에게 된장찌개의 값을 지불할 것을 요구했습니다만, 탄 음식은 쓴 맛을 내서 먹는 데 불쾌함을 느낄 뿐 아니라 건강에도 해롭기 때문에 피고가 탄 음식을 먹지 않겠다고 한 것은 당연한 것이라 생각됩니다. 그러므로 원고는 피고에게 된장찌개의 값을 지불할 것을 요구할 수 없으며, 원고의 피해에 대해 피고는 어떠한 배상의 책임도 부여되지 않음을 판결합니다.

재판이 끝난 뒤, 식당 주인인 할머니는 미안한 마음에 잘살자 씨에게 공짜로 맛있는 된장찌개를 다시 끓여 주었고, 그 맛에 반한 잘살자 씨는 된장찌개의 값을 지불하고 할머니의 가게를 자신의 책에 맛집으로 추천했다. 그 후 할머니네 가게는 번창해서 다른 주방 아주머니를 쓰게 되어 절대 깜빡해서 음식을 태우는 일이 없었다.

**물도 탈까?**

물질이 탄다는 것은 물질 속의 탄소가 산소와 결합하는 과정이다. 그러므로 탄소가 없이 수소와 산소로만 이루어진 물은 아무리 가열해도 타지 않는다.

# 젤리가 액체야, 고체야?

젤리는 어떻게 만들어질까요?

크래코 제과 회사에서는 이번에 새로 젤리 제품을 출시했다. 크래코 제과 회사에서 처음으로 시도한 젤리였기 때문에 신제품 개발 팀에서는 다른 과자들을 선보일 때보다 훨씬 조심스러웠다. 신제품 개발 팀 과장이 사장 스낙 씨에게 젤리를 선보였다.

"이게 바로 젤리라는 건가?"

스낙 씨는 한 입에 들어갈 수 있을 만큼 작은 별 모양 젤리를 하나 먹어 보면서 말했다. 이 회사에서 젤리를 출시하는 것은 처음이었기 때문에, 스낙 씨도 젤리를 처음 먹어 보는 것이었다.

"네, 그렇습니다. 색도 다양하고 씹는 맛도 재밌을 것 같지 않습니까?"

"그건 그렇겠군."

"이 젤리는 어린아이들을 겨냥해서 개발한 것입니다. 질감이 물렁한 것이, 분명 아이들도 먹으면서 재미있어 할 것입니다."

신제품 개발 팀 과장은 자신 있게 사장에게 젤리를 소개했다. 항상 먹는 과자 종류가 아닌 색다른 제품이기 때문에 유난히 이 젤리에 많은 관심과 노력을 쏟았던 터였다. 젤리가 출시될 수 있는지 궁금해 하는 과장에게 사장이 말했다.

"신기하고 재미있군. 젤리, 출시해 보게. 반응이 좋을 거야."

"네! 감사합니다!"

출시 허락이 떨어지자 회사의 여러 부서는 젤리에 관심을 쏟아야했다. 홍보 팀에서는 유명한 인기 연예인을 내세워 광고를 제작했고, 디자인 팀에서는 보기만 해도 젤리를 구매하고 싶은 생각이 들 정도로 흥미를 끌 수 있도록 젤리 포장지를 디자인했다. 젤리가 완성이 되고 드디어 각 곳으로 출시가 되었다.

"어머, 과자인 줄 알았는데 물렁물렁하네!"

"정말 그렇잖아? 별 모양도 예쁜 게 씹을 때 움직이는 것 같아서 재밌어!"

이 상품은 과장의 말 그대로 대박이었다. 젤리를 한 번 먹으면 그 모양과 맛, 그리고 물렁거리는 촉감에 다음에 또 사 먹게 되었고, 어느새 어린아이들 사이에서는 젤리를 사 먹는 것이 유행처럼 번져나갈 정도였다. 그럴수록 회사는 바빠졌다.

“크래코 제과 회사 젤리의 주문 수량이 너무 많습니다!”

“이렇게 크게 될 줄은 몰랐는데… … 젤리를 관리할 부서를 정해야 겠어!”

회사에서는 곧 젤리를 관리할 부서를 따로 정해야 했다. 크래코 제과 회사에서는 크게 액체 음료 팀과 고체 사탕 및 과자 팀으로 나뉘어져 있었다. 이 두 팀은 회사 안에서 언제나 경쟁이 치열했다. 매 해마다 회사에서 판매 1, 2위를 다투고 있어서 서로를 경계하기 때문이었다.

고체 사탕 및 과자 팀 과장인 추파춥 씨가 복도에서 만난 액체 음료 팀 과장인 코카 씨에게 먼저 말을 걸었다.

“이번에 계란깡 과자가 얼마나 잘 팔렸는지 듣긴 들으셨나요?”

추파춥 씨는 자랑스럽다는 말투에 얼굴을 치켜들고 ‘부럽지?’ 하는 표정으로 코카 씨를 바라보았다. 그도 그럴 것이 부드러운 계란깡이 얼마 전 출시된 이후로 꾸준히 사랑을 받아온 터라 판매량이 많았기 때문이다.

“으흠! 저도 귀가 있어서 듣긴 들었습니다.”

코카 씨는 인정하기 싫은 것을 인정했다는 듯이 헛기침을 한 번 하고는 액체 음료 팀에서는 뭔가 내세울 것이 없나 생각하던 찰나 한 가지가 번뜩 생각났다.

"이건 들어 보셨나요?"

"뭐요? 또 재작년에 판매 1위한 걸 다시 말하시려는 건 아니겠죠?"

요즘 비교적 판매 성적이 저조한 액체 팀이었기 때문에 무서울 것 없다는 얼굴로 추파춥 씨가 말했다. 하지만 액체 팀의 코카 씨는 웃음을 지으며 똑똑히 말했다.

"그럴 리가요? 작년에 저희가 출시한 푸카리 음료수가 국가 대표 공식 음료수로 지정된 것 말이에요."

코카 씨는 주먹을 꽉 쥐며 지지 않는다는 것을 보여준 것에 만족해했다.

"그, 그것 참 축하할 일이로군요. 하지만 고체 사탕 및 과자 팀에서도 더 대단한 일을 보여드릴 테니 기대하세요!"

"기대하라 하셔도 무서울 거 하나 없네요."

승자의 맛을 본 액체 팀 코카 씨는 전혀 기죽지 않은 채 추파춥 씨를 바라보았다. 더 이상 할 말이 없던 추파춥 씨는 얼른 자기 부서로 돌아갔다. 이렇게 두 사람은 만나기만 하면 자기 부서가 잘났다고 자랑하며 서로를 경계했다. 그러던 중 회사 안에서 젤리 제품 관리를 한 부서에 맡긴다는 소문이 났다. 그리고 그 소문은 액체 팀, 고체 팀 모두에게 퍼졌다.

"그거야 당연히 우리 액체 팀으로 오겠지. 그렇죠? 코카 과장님."

액체 팀에서는 당연히 젤리 제품은 액체 팀에서 관리할 것이라고 생각하고 있었다.

"그렇지. 만지면 만지는 대로 움직이는데, 그걸 고체라고 할 수는 없지!"

코카 씨는 젤리가 액체라는 것을 믿어 의심치 않았다. 그래서 결정도 나기 전에 젤리 제품에 대한 의논을 할 정도로 자신감이 대단했다. 그리고 며칠 뒤 드디어 젤리 제품의 부서가 정해졌다.

"젤리 제품은 고체 사탕 및 과자 팀에서 관리하기로 했습니다. 고체 팀에서는 신경 써서 젤리 제품을 관리해주시기 바랍니다."

결국 사장 스낙 씨는 고체 팀 과장 추파춥 씨에게 젤리 제품 관리를 맡겼다. 그리고 그 소식은 빠른 시간 안에 액체 팀 직원들에게도 들어갔다.

"뭐라고? 젤리 제품 관리가 고체 팀에게 넘어갔다고?"

예상치도 못했던 일에 코카 씨는 액체 팀 직원들과 함께 고체 팀 부서로 달려갔다.

"액체 팀 과장님이신 코카 씨가 웬일로 여기까지 오셨나요?"

여유로운 표정으로 추파춥 씨는 급히 달려온 코카 씨에게 말했다.

"젤리 제품 관리를 고체 팀에서 한다고요?"

숨을 헐떡이며 코카 씨가 말했다.

"소식이 참 빠르시네요. 그런데 그게 왜요?"

"어떻게 젤리가 고체입니까?"

"아니, 그게 무슨 말이십니까? 젤리가 물처럼 흐르는 거 보셨습니까? 액체가 아니니 당연히 고체죠."

추파춥 씨는 젤리가 고체인 것이 당연하다는 듯이 말했다. 하지만 코카 씨는 수긍할 수 없다는 표정이었다.

"아니, 젤리는 움직이면 움직이는 대로 변하는데 그게 어떻게 딱딱한 고체란 말입니까?"

"그래도 모양이 있지 않습니까? 그걸로 고체라는 게 증명되지 않나요?"

"젤리가 고체라는 건 말도 안 됩니다! 젤리는 분명히 액체에요!"

결국 화가 난 액체 팀 코카 씨는 화학법정에서 젤리가 액체인지 고체인지 확실히 해 주기를 부탁했다.

젤리는 액체도 고체도 아닌 콜로이드 상태로,
액체가 단단한 지지체에 섞여 있는 상태를 콜로이드 상태라고 합니다.

**젤리는 액체일까요, 고체일까요?**
화학법정에서 알아봅시다.

 재판을 시작하겠습니다. 원고 측 먼저 변론해 주십시오.

 며칠 전부터 젤리 제품의 관리가 크래코 제과 회사 고체 팀의 하위 부서로 들어왔습니다. 젤리 제품은 고체이기 때문입니다. 고체란 무엇입니까? 액체처럼 흐르지 않고 그 상태 그대로 유지되는 것이지요. 젤리 또한 그러합니다. 물이나 음료수처럼 흐르지 않고 용기에서 꺼내 그릇으로 옮겨도 건드리지 않는다면 그 상태를 유지하고 있습니다. 물론 건드리면 건드리는 대로 달라지기는 하지만 다른 크래커 과자 종류도 건드리면 부서지고 형태가 변하게 됩니다. 따라서 고체 성질을 가지고 있는 고체 팀의 하위 제품으로 들어오게 한 사장의 판단은 옳은 것입니다. 액체 팀에서 젤리 제품의 관리권을 가져갈 수 없다는 것이 저희 측의 의견입니다.

 피고 측 반론해 주세요.

 이번 사건의 판단을 위해 신제품 개발 팀 과장을 증인으로 요청합니다.

짙은 검은색의 머리를 가진 30대 초반의 남성이 증인석으로 나왔다.

 증인은 신제품인 젤리 제품을 만든 개발 팀 과장이지요?

 그렇습니다.

 그렇다면 회사 사람들 중 젤리에 대해 가장 잘 알고 있겠군요?

 그렇다고 볼 수도 있을 것 같습니다.

 젤리를 만드는 주성분은 무엇입니까?

 젤리는 젤라틴으로 만든 음식의 상품명입니다.

 그렇군요. 그럼 그것은 동물성입니까, 식물성입니까, 무기질입니까?

 동물성입니다. 약한 염산 용액에 돼지나 소의 뼈, 껍질 등을 담갔다가 꺼내서 증류수에 여러 시간 동안 끓인 다음 액체를 걸러 내고 남는 것을 말려 가루로 만들면 젤라틴이 됩니다. 여기에 여러 가지 재료를 넣어서 샐러드나 디저트, 음료를 만들지요. 가루 젤라틴을 뜨거운 물에 녹인 후 굳히면 우리가 흔히 보는 젤리가 됩니다.

 그렇군요. 그렇다면 젤리는 액체입니까 고체입니까?

 완전한 액체도 아니고 고체도 아닌 상태입니다. 학술적으로 말하자면 콜로이드 상태로, 액체가 단단한 지지체에 섞여 있는 상태를 말하지요. 뜨겁던 것이 식으면서 동물성 단백질의

기다란 구조가 굳어지고 작은 액체 방울들이 그 사이에 끼어 있는 모양인데 이것이 아이들이 좋아하는 젤리이지요.

소화하는 데는 어려움이 없나요?

젤라틴은 순수한 단백질로 소화가 잘 되는 좋은 식품입니다. 식물성 단백질로부터 만들어지는 젤라틴 같은 것은 '아가'라고 하는데 청포묵을 만들 때 쓰이는 것이지요.

이번 사건은 젤리 제품이 액체인지 고체인지에 대한 문제로 원고 측인 고체 팀에서는 젤리 제품이 고체라고 했습니다. 하지만 증인의 말을 들어보면 젤리는 고체도 액체도 아니라고 했습니다. 정확히 말하면 액체가 단단한 지지체에 섞여 있는 상태이지요. 그러므로 굳이 따지자면 지지체에 섞여있는 상태의 '액체'이므로 오히려 액체라고 보는 것이 더 낫다고 생각합니다. 따라서 현재 크래코 회사에서 젤리 제품의 관리를 고체 팀에 맡기는 것을 취소하고, 젤리 제품의 관리를 액체 팀에서 맡게 할 것을 주장합니다.

판결합니다. 젤리는 가루 젤라틴을 뜨거운 물에 녹인 후 굳힌 것으로 콜로이드 상태에 있는 물질입니다. 완전히 액체라고도, 고체라고도 볼 수 없는 상태를 뜻합니다. 따라서 경우에 따라서는 액체로 볼 수도 있고, 고체로 볼 수도 있습니다. 그러므로 고체 팀과 액체 팀이 모두 젤리 제품을 서로의 팀으로 끌어오려 하지만 답을 내릴 수 없으므로, 젤리 제품을 위한 콜로이드 팀을 하나 더 만드는 것을 추천하며 젤리는 고체가 아니라고 판결합니다.

재판이 끝난 후, 크래코 회사의 사장은 젤리제품을 위한 부서를 하나 더 만들었다. 그리고 젤리 제품을 업그레이드 시킨 또 다른 제품을 콜로이드 팀에서 맡을 수 있게 힘쓰고 있다.

육안이나 보통의 현미경으로는 보이지 않지만, 분자보다는 큰 입자로 물질이 분산해 있는 상태를 콜로이드 상태라고 부른다.

# 달걀 마술

달걀을 떨어뜨려도 깨지지 않고 통통 튀어 오르게 할 수 있을까요?

과학공화국에는 마술 다리라는 곳이 있는데, 이 다리는 넓은 강 위에 지어진 예쁜 다리이다. 언제부터인지 무명 마술사들이 이 다리 위에 하나둘 모여 마술을 선보이면서 마술 다리라는 이름이 붙여졌는데, 다리를 지날 때면 신기한 마술들을 볼 수 있기 때문에 커플은 물론 아이들까지 모두 마술 다리에 가는 걸 좋아했다.

"엄마, 저기 봐. 피에로가 있어!"

엄마 손을 붙잡고 마술 다리를 건너던 꼬마가 피에로 분장을 한 속임없어 씨를 손가락으로 가리켰다. 속임없어 씨는 이 다리에서 제일 먼저 마술을 선보였던 가장 오래된 마술사였다. 그리고 속임없어 씨는 사람을 끌기 위해 항상 피에로 분장을 하고서 마술을 보여줬다.

"예쁜 아이야, 어서 오렴. 내가 신기한 마술을 보여줄게."

아이는 천진난만한 표정으로 피에로 분장을 한 속임없어 씨 쪽으로 갔고 속임없어 씨는 마술 도구를 꺼냈다.

"이 딱딱한 막대가 한순간에 사라지는 걸 보면 너도 아마 깜짝 놀라게 될 거야."

속임없어 씨는 긴 막대를 꺼내서 아이에게 보여준 후 손으로 마력을 넣고 몇 번 막대를 흔들었다. 그랬더니 정말 막대가 감쪽같이 없어지고 손수건만 손에 남았다. 아이의 열광적인 반응을 기대하며 속임없어 씨는 아이의 얼굴을 보았다. 하지만 아이는 식상하다는 표정으로 가만히 보고만 있었다.

"이 마술은 저번에 텔레비전에서 봤어요."

아이는 실망한 목소리로 피에로에게 말하고, 다시 엄마 손을 잡고 속임없어 씨를 떠났다. 속임없어 씨는 아이가 떠나는걸 보며 옆에서 공연을 준비하는 다른 마술사에게 말했다.

"이번에도 또 봤다는 마술이라면서 가 버렸어."

"그런 일이야 늘 있는 일인데 뭘. 우리같이 아마추어 마술사가 할 수 있는 마술은 모두 텔레비전에서 나왔던 것들이니까."

옆에 있던 마술사도 별로 놀라지 않고 하던 준비를 계속 하면서 담담하게 대답했다. 사실 마술 다리에 많은 마술사가 있지만 마술사들이 하는 마술은 대개 비슷했다. 손수건에서 없던 장미가 생긴다든지 커다란 두 링을 통과시킨다든지 하는, 대부분의 사람들이 봤던 마술을 하는 것이 다반사였다. 그래서 요즘 부쩍 마술을 보러 오는 사람이 줄어들었다. 그러던 중에 마술 다리에 새로운 마술사가 등장했다.

"저도 여기서 마술을 하고 싶은데 어디에 자리를 잡으면 되죠?"

키도, 덩치도 작은 한 남자가 조그마한 가방을 매고 속임없어 씨를 찾아왔다. 제일 오래전부터 있었던 속임없어 씨가 마술 다리의 관리를 거의 맡고 있었기 때문에 새로운 마술사가 속임없어 씨를 찾아온 것이었다.

"여기서 마술하시려고?"

"네. 어디에 자리를 잡으면 되죠?"

속임없어 씨는 이 마술사를 별로 탐탁지 않게 생각했다. 요즘 따라 마술을 보러 오는 사람도 적은데, 또 남들과 똑같은 마술만 되풀이할 마술사가 한 명 더 들어온다는 것은 괜히 자리만 좁아지는 일이었기 때문이다. 그래도 내쫓을 수는 없었기에 속임없어 씨는 할 수 없이 자리를 내주었다.

"저기 다리 제일 끝 쪽에 가면 구석에 자리가 조금 있을 거예요. 거기서 시작하세요."

다리의 제일 끝 쪽이라 사람들에게 잘 보이지도 않는 안 좋은 자리였지만 새로운 마술사 통에그 씨는 군말 없이 자기 자리로 갔다.

"저렇게 작은 가방을 들고 마술을 하러 온 거야? 뭘 믿고 저렇게 마술 도구가 작은 거지?"

속임없어 씨는 통에그 씨가 준비성이 없다고 생각하며 새로운 마술사에게는 신경 쓰지 않기로 했다. 시작한 지 얼마 되지 않아서 곧 스스로 지쳐 마술 다리를 떠난 마술사들이 많았기 때문이다. 통에그 씨는 자리를 잡고서 가방 안에서 마술 도구를 꺼냈다. 그것은 바로 달걀이었다. 다른 마술 도구도 없이 그냥 달걀 하나만 꺼내고 다시 가방 문을 닫았다.

"그럼 이제 슬슬 시작해볼까?"

통에그 씨는 자리 앞으로 사람이 아무도 지나가지 않자 사람을 불러 모으기 위해 크게 소리쳤다.

"여기 달걀을 이용한 마술을 할 겁니다! 모여서 구경하세요!"

달걀을 이용한 마술은 텔레비전이나 거리에서도 본 적이 없었기 때문에 몇몇 사람들이 궁금해 하면서 통에그 씨 자리 앞으로 모였다.

"제가 이 달걀을 바닥에 떨어뜨려 보겠습니다!"

계란을 떨어뜨린다는 소리에 어떤 마술일까 궁금해서 가까이 가는 사람도 있었지만, 혹시나 계란이 깨지면 옷에 튈까봐 뒤로 물러나는 사람도 있었다. 곧바로 통에그 씨는 계란을 사람들에게 보여 주고 난 뒤 힘껏 바닥으로 내려쳤다.

"어머나!"

순간 달걀이 깨질 거라고 예상한 사람들은 모두 고개를 돌리거나 뒤로 주춤했다. 하지만 곧 놀랍다는 박수가 터져 나왔다. 내려쳐진 달걀이 깨지기는커녕, 바닥에서 통통 튀어 오르고 있었기 때문이었다. 짝짝짝 사람들의 박수소리가 커졌고 통에그 씨는 사람들이 더 잘 볼 수 있도록 높게 달걀을 던져 통통 튀어 오르게 하는 묘기를 선보였다.

"분명히 계란인데 깨지지 않고 튀어 오르네?"

"이런 마술은 처음이야! 너무 신기해!"

박수소리와 환호소리를 듣고 멀리 있던 사람들도 튀어 오르는 달걀을 보기위해 통에그 씨 자리로 모여들었다. 어느 순간 마술다리 위에 있는 모든 관객들은 통에그 씨 마술을 보고 있었다. 모든 관객을 뺏긴 속임없어 씨는 관객이 다 어디로 갔는지를 확인하고 깜짝 놀랐다.

"어라, 저기는 아까 새로 온 마술사 자리잖아?"

속임없어 씨는 얼마나 대단한 마술을 하고 있기에 사람들이 다 모였나 궁금해서 통에그 씨의 자리로 갔다. 그리고 사람들 틈에 껴서 달걀 마술을 보았다. 정말 달걀이 깨지지 않고 바닥에서 통통 거리며 튀어 오르고 있었다.

"저건 말도 안 돼! 어떻게 달걀이 공처럼 튀어!"

관객을 뺏겨서 화가 나있던 속임없어 씨는 있을 수 없는 일이라며 마술을 선보이고 있던 통에그 씨에게 말했다. 순간 모든 관객들이 큰 소리로 말하는 속임없어 씨를 쳐다보았다.

"무슨 말이에요? 이것은 분명히 달걀입니다."

"그럴 리가 없어! 공… … 고무공 아니야? 달걀처럼 만든 고무공인 거 아니야?"

"아니라니깐요! 저는 마술사입니다! 분명 달걀로 마술을 보이는 것뿐이라고요!"

"저게 달걀이면 당연히 깨졌어야지! 당신 분명히 사기 친 거야!"

갑자기 달려와 따지는 속임없어 씨를 바라보며 관객들도 이것이 정말 달걀인지, 아니면 고무공인지 궁금해 했다. 그리고 통에그 씨는 달걀이 확실하다며 맞대응했다.

"당신, 우리 마술 다리의 명예를 훼손시켰다고 고소할 거야!"

결국 속임없어 씨는 통에그 씨가 고무공으로 사기를 친다고 주장하며 화학법정에 통에그 씨를 고소했다.

달걀을 식초에 담구면 달걀 껍질은 녹아 버리고 대신
달걀을 둘러싸고 있는 막이 점점 고무처럼 변해서 탄성을 가지게 됩니다.

**달걀을 떨어뜨렸는데**
**깨지지 않고 튀어오를 수 있을까요?**
화학법정에서 알아봅시다.

 재판을 시작합니다. 원고 측 변론해 주세요.

 피고는 최근 마술 다리 한 쪽에 자리를 잡고 마술을 하게 되었습니다. 그런데 피고가 준비한 마술이라는 것은 달걀 마술이었습니다. 피고가 달걀을 떨어뜨렸는데도 깨지지 않고 공처럼 튀어 올랐습니다. 원래 달걀이라는 게 껍질이 두껍고 딱딱해서 바닥에 떨어뜨리면 깨지는 것이 당연합니다. 그런데 마치 고무공처럼 튕겨 오르고 또 떨어지고 튀어 오르고를 반복했습니다. 이는 분명히 피고가 달걀이 아닌 고무공을 바닥에 떨어뜨렸기 때문입니다. 피고는 눈속임을 하기위해 고무공을 달걀처럼 보이도록 만들어 사기를 친 것입니다. 마술 다리에서 마술을 하는 모든 사람들이 사기를 친다고 오해할 수도 있는 사건을 만들었으므로, 마술 다리의 명예를 훼손시킨 피고를 마술 다리에서 다시는 마술을 할 수 없게 할 것을 요구합니다.

 피고 측 변론하세요.

 양계장 주인인 계란팔아 씨를 증인으로 요청합니다.

얼굴에 수염이 난 수더분하게 생긴 40대 남성이 증인석으로 나왔다.

증인은 양계장을 하시죠? 그러면 달걀에 대해서 잘 아시겠군요?

그렇습니다.

증인은 달걀을 바닥에 떨어뜨려 공처럼 튀어 오르게 하는 방법을 아십니까?

네, 알고 있습니다.

정말 달걀이 깨지지 않고 튀어오를 수 있습니까?

물론입니다. 식초 속에 담갔다 꺼내면 됩니다.

식초 속에 계란을 담그면 된다는 겁니까?

식초에 절인 달걀은 처음에 넣었던 그 달걀이 아닙니다. 달걀을 식초에 담그면 껍질 표면에 거품이 생기기 시작합니다. 72시간이 지나면 달걀을 둘러싼 껍질은 온데간데없이 사라지고, 그 중 일부는 식초 수면에 떠있는 게 보일수도 있어요. 그렇지만 달걀 알맹이는 온전하게 남아 있는데, 식초에 녹지 않는 얇은 막으로 둘러싸여 있기 때문이지요. 이렇게 된 달걀은 떨어뜨렸을 때 통통 튀어 오르게 됩니다.

왜 그렇게 되는지 설명해 주실 수 있습니까?

달걀 껍질의 주성분은 탄산칼슘입니다. 그런데 이것이 식초와 화학 반응을 하면 이산화탄소 기체가 나오지요. 이것이 달걀 껍질에 생기는 거품입니다. 달걀을 둘러싸고 있는 막은 식초에 녹지는 않지만, 점점 고무처럼 변합니다. 이 반응 과정에서 달걀은 점점 커지면서 탄성을 가지게 됩니다.

그렇군요. 고무공처럼 보인 것은 달걀이 부풀어 올라 크기가 커졌기 때문이군요. 삶은 달걀을 이용해도 똑같나요?

상관없습니다. 오히려 삶은 달걀은 통통 잘 튀지만, 날달걀은 물풍선처럼 흐물흐물해지죠.

판사님, 이번 달걀 마술 사건을 두고서 원고 측에서는 달걀 마술은 사기라고 했습니다. 떨어뜨려진 달걀이 깨지지 않을 리 없으니 고무공을 계란처럼 보이게 만들어 계란이 튕겨 오르는 것처럼 보이게 했다고 주장했지요. 하지만 식초에 달걀을 담가두면 달걀이 고무공처럼 변해서 피고가 했던 달걀마술이 성공할 수 있게 됩니다. 한마디로 피고가 한 마술은 사기가 아니라는 것입니다. 따라서 피고는 사기 마술을 한 적이 없으므로 마술 다리에서 떠나지 않아도 된다고 주장합니다. 또한 피고에게 사기 마술을 했다고 주장한 원고 측에서는 피고에게 사과를 할 것을 요구합니다.

판결합니다. 원고 측은 피고가 사기 마술을 해서 마술 다리에서 마술을 하는 모든 마술사들의 명예를 훼손시켰다고 주장했습니다. 그러나 달걀을 식초에 담가 두는 방법을 사용함으로써 떨어뜨린 달걀이 튕겨 오르게 할 수 있으므로 피고의 마술은 사기가 아니었습니다. 과학적 원리를 이용한 마술이었지요. 그러므로 원고 측에서 말한 사기 마술로 인한 명예 훼손은 성립이 되지 않습니다. 따라서 마술 다리에서 피고를 떠나게 해 달라는 원고 측의 주장은 기각하겠습니다. 또한 사기 마술이라고 주장함으로써 기분이 상했다는 피고 측의 주장대로 원고 측은 피고에게 사과를 하시길 바랍니다. 이것으로 재판을 마치겠습니다.

재판이 끝난 후, 속임없어 씨를 비롯한 모든 마술 다리 마술사들은 통에그 씨에게 사과를 했다. 그 후 마술 다리 마술사들은 과학을 이용한 색다른 마술을 개발하기 위해 노력했고, 독특한 마술이 많아진 마술 다리는 점점 더 유명해졌다.

### 탄성

물체가 힘을 받으면 모양이 변한다. 이때 물체에 작용한 힘이 사라지면 물체는 원래의 모양으로 돌아가는데, 이런 성질을 탄성이라고 한다.

# 숯불 스테이크 하우스

스테이크를 가스불에 굽는 것과 숯불에 굽는 것에 차이가 있을까요?

아름다운 호수로 유명한 스테이크 마을이 있었다. 잔잔한 자연 호수에 관광객들을 모으기 위해 안에 분수를 설치한 것이었는데, 각각 다른 높이로 솟아오르는 물줄기를 쳐다보고 있으면 살짝 모양을 내비치는 무지개도 볼 수 있기 때문에 레인보우 호수라고 불리는 호수였다. 그리고 이 호수의 분위기에 맞게 이 마을에는 스테이크를 전문으로 하는 가게들이 많았다.

"여기 정말 스테이크 하우스가 많네. 어디 갈까?"

"글쎄, 맛은 다 비슷하다고 하던데. 어디로 가지?"

다른 곳보다 많은 스테이크 하우스가 있었지만 특별하게 맛있는 집은 없었기 때문에 관광객들은 이 많은 곳 중에 어디를 가야할지 고민해야 했다. 그런 사실을 눈치 챈 〈맛좋아 스테이크 하우스〉의 운영자 김안심 씨가 사은품으로 손님들을 유인하기 시작했다.

"저희 스테이크 하우스에 오시면 사은품으로 이 저금통을 드립니다. 어서들 오세요!"

다른 곳과 맛이 비슷하다면 사은품을 주는 곳으로 가는 것이 낫다고 생각한 여러 손님들이 김안심 씨의 스테이크 하우스로 몰리기 시작했다. 그 모습을 본 옆 가게 주인인 박등심 씨도 하나의 방법을 고안했다.

"이렇게 김안심 씨한테 질 순 없지! 우리는 더 큰 상품을 걸고 추첨을 하겠어!"

그래서 생각해 낸 것이 1등은 밥솥, 2등은 수저 세트, 3등은 스테이크 무료 시식권, 4등은 꽝으로 해서 많은 종이 중에서 하나를 뽑아 등수를 확인하는 추첨 방식의 행사였다.

"여기 1등은 밥솥입니다! 스테이크 하나 먹고 밥솥 타 가세요!"

누구나 가지고 있는 저금통보다는 잘하면 밥솥을 가져갈 수 있다는 생각에 여러 손님들이 박등심 씨의 스테이크 하우스로 몰렸다. 이렇게 스테이크 마을 안에서 손님을 끌기 위해 많은 가게들이 경쟁을 하고 있었다. 그러던 중 한 자리에 새로운 스테이크 하우스가 세워진다는 소문이 돌았다.

"이렇게 손님 끌기가 힘든데 새로운 스테이크 하우스가 생긴다고?"

그 소문을 들은 김안심 씨는 경쟁할 가게가 하나 늘었다는 생각에 별로 기분이 좋지 않았다. 그것은 옆 스테이크 하우스의 박등심 씨도 마찬가지였다.

"새로운 곳이라 걱정이 되긴 하는데, 새로 생긴 곳보다 전통이 있는 우리 가게에 사람들이 많이 올 거예요. 안 그래요?"

"그럴 거예요. 우리처럼 이벤트도 열지 않잖아요."

"그러니 우리 괜히 새로 생긴 곳에 신경 쓰지 말자구요."

새로운 스테이크 하우스가 생긴다는 말에 김안심 씨와 박등심 씨는 서로 힘을 모으기로 했다. 그리고 며칠 뒤 정말 새로운 스테이크 하우스가 지어졌다. 가게 모양도 다른 가게들과 비슷해서 별로 특별한 것이 없어 보였다.

"새로 들어온다고 해도 새로운 것은 없네요."

김안심 씨가 이제 막 다 지어진 건물을 보면서 내심 안심하며 말했다. 어차피 맛은 다 비슷할 것이기 때문에 별로 신경 안 써도 될 것 같았다. 그리고 드디어 새로운 스테이크 하우스가 개업하는 날. 김안심 씨와 박등심 씨는 정말 새로운 곳에는 신경도 쓰지 않고 자기들만의 방법으로 손님을 유인하기에 바빴다. 한편 새로운 가게에는 드디어 간판이 걸렸다. 큰 글씨로 〈숯불 스테이크 하우스〉라고 적힌 간판이 가게 위에 떡하니 걸려 있었다.

"숯불로 구운 스테이크 입니다! 어서들 오세요!"

〈숯불 스테이크 하우스〉의 주인인 최후끈 씨가 간판을 걸고서 본격적으로 사람들을 모으기 시작했다. 행사장 풍선부터 스테이크 가게와 어울리는 음악까지 크게 틀어놓고 시선을 끌기 시작한 것이다.

"저기 새로 생겼나봐, 우리 저기 가 보자!"

최후끈 씨의 계획대로 스테이크 마을을 찾은 사람들은 소리가 나는 쪽으로 모였고 조금 시간이 지나자 〈숯불 스테이크 하우스〉 앞에는 사람들이 많이 모여 있었다.

"저희 〈숯불 스테이크 하우스〉는 그냥 가스레인지 불로 고기를 굽는 다른 스테이크 하우스와 달리 숯불로 고기를 굽는 스테이크 하우스입니다!"

최후끈 씨는 뒤에 있는 사람들까지 다 들을 수 있을 정도로 큰 소리로 말했다. 최후끈 씨네 가게는 숯불이 특징인 스테이크 하우스였기 때문에 이 점을 사람들에게 알리는 것이 제일 중요했다.

"그런데 숯불로 굽는다고 뭐가 다르나요?"

모인 사람 중에 한 사람이 궁금하다는 듯이 물었다. 이렇게 숯불을 강조하는 이유가 궁금했던 것이다.

"좋은 질문 주셨습니다! 숯불로 구운 스테이크가 가스불로 구운 스테이크보다 훨씬 맛있습니다!"

"정말인가요?"

당당하게 대답하는 최후끈 씨의 말에 그 손님은 정말인지 다시

한 번 물었다. 이렇게 맛있다고 직접 말할 정도면 맛이 그저 그런 다른 곳보다 이곳이 훨씬 나을 거라는 생각이었다.

"그럼요! 그렇지 않으면 왜 쓸데없이 숯불로 굽겠습니까! 훨씬 맛있는 스테이크를 맛보러 오십시오!"

스테이크 마을이라 하더라도 맛있는 스테이크를 먹어본 적이 없던 손님들은 그 말에 〈숯불 스테이크 하우스〉로 들어가기 시작했다. 그렇게 많은 사람들이 〈숯불 스테이크 하우스〉로 들어갈 때, 김안심 씨와 박등심 씨는 사람 하나 없이 파리만 날리는 가게에 앉아있었다.

"오늘은 왜 이렇게 손님이 없지?"

그렇게 손님을 기다리던 중 열어둔 창문 사이로 전단지 하나가 바람과 함께 들어왔다. 그것은 바로 새로 생긴 〈숯불 스테이크 하우스〉의 홍보 전단지였다.

**숯불로 만든 스테이크가 기존의 스테이크보다 훨씬 맛있습니다!**

전단지에 적힌 글자를 무심코 읽은 김안심 씨는 이 말에 당장 박등심 씨와 함께 〈숯불 스테이크 하우스〉로 달려갔다. 거기에는 이미 많은 손님들이 몰려 있었다.

"지금 자리가 없는데요. 조금 기다려 주시겠습니까?"

김안심 씨와 박등심 씨를 손님으로 오해한 최후끈 씨가 말했다.

그러나 둘은 그 자리에서 사람들이 다 들을 정도로 큰 소리로 말했다.

"아니, 단지 숯불로 굽는 것만으로 어떻게 기존의 스테이크보다 맛있다고 할 수 있습니까?"

"이렇게 큰 소리로 말씀하시면 다른 손님께 방해가 되지 않습니까?"

"저는 저기 앞에 맛좋아 스테이크 하우스를 운영하는 사람입니다. 광고가 너무 터무니없이 거짓말이지 않습니까?"

김안심 씨가 전단지를 들고서 최후끈 씨에게 따졌다.

"정말 숯불로 굽는 게 훨씬 맛있습니다."

"소스가 바뀌는 것도 아니고, 고기가 바뀌는 것도 아니고, 단지 굽는 불이 달라졌다고 맛이 변합니까?"

"그럼요! 정말 기존의 스테이크와는 맛이 다릅니다!"

사람들이 많은 가게 안을 보자 경쟁심이 붙은 김안심 씨와 박등심 씨는 더 큰 소리로 따졌지만 최후끈 씨는 매 번 숯불로 굽는 게 더 맛있다는 답뿐이었다. 결국 거짓으로 홍보를 한다는 이유로 김안심 씨는 최후끈 씨를 고소했다.

숯불에 구운 스테이크가 가스 불에 구운 것보다 더 맛있는 이유는
숯불의 적외선이 강해서 불기운이 고기 속까지 더 잘 스며들기 때문입니다.

**스테이크를 숯불에 구우면 더 맛이 좋을까요?**

화학법정에서 알아봅시다.

 재판을 시작합니다. 원고 측 변론하세요.

 얼마 전 원고 측의 가게가 위치한 스테이크 마을에 피고가 가게를 새로 오픈했습니다. 스테이크 마을이기에 모든 가게들이 스테이크를 팔고 있는데, 피고가 가게를 오픈하면서부터 다른 가게에 손님이 오지 않아 영업을 할 수가 없게 되었습니다. 피고의 가게 전단지를 보니 '다른 가게보다 훨씬 맛있는 스테이크'라는 문구가 있었지요. 그 이유가 무엇인고 하니 스테이크를 숯불에 굽는다는 전략이었습니다. 스테이크를 가스레인지에 굽지 않고 숯불에 굽는다는 이유 하나만으로 훨씬 더 맛있는 스테이크를 먹을 수 있는 것입니까? 거짓 광고를 해서 손님을 유인한 피고는 잘못이 있으므로 타격을 입은 다른 가게들에게 피해를 보상할 것을 요구합니다.

 피고 측 변론하세요.

 식품학 연구원 열심연구 씨를 증인으로 요청합니다.

캐주얼 차림을 한 20대 후반의 남자가 증인석으로 나왔다.

증인은 무슨 일을 하십니까?

모 대학 식품학 연구실에서 식품학 연구를 하고 있습니다.

스테이크를 숯불에 구울 때와 가스불에 구울 때 차이가 있습니까?

있습니다. 얼마 전에 저희 대학에서 실험을 해 보았습니다. 양과 질, 크기가 똑같은 고기 두 조각을 같은 시간 동안, 같은 세기의 불에 굽는 실험을 했지요. 이때 하나는 가스불에 굽고, 다른 하나는 숯불에 구웠습니다.

어떤 차이가 있었습니까?

가스불에 구운 고기는 표면온도가 85°C일 때, 속은 35°C밖에 되지 않았는데 숯불로 구운 고기는 표면온도가 85°C일 때 속이 55°C였습니다. 숯불이 가스불에 비해 고기 속 온도가 20°C나 더 높았지요. 즉, 숯불로 구울 때 불기운이 고기 속까지 더 잘 스며든 것입니다.

같은 화력이었을 텐데 왜 그렇게 차이가 났죠?

가스불과 숯불의 적외선 강도가 다르기 때문입니다. 고구마를 돌에 구울 때 속까지 더 맛있게 익는 것과 같은 원리이지요. 숯불이 뿜어내는 적외선이 두꺼운 스테이크의 속까지 고르게 익혀 주는 것입니다.

판사님, 스테이크를 가스불에 구웠을 때와 숯불에 구웠을 때 고기의 맛에 차이가 있을 수 있다는 것을 알 수 있습니다. 숯불로 고기를 구울 때 불기운이 고기 속까지 더 잘 스며들기 때문에 속까지 고루 익은 숯불에서 구운 스테이크가 더 맛있다고 할 수 있는 것이지요. 피고인은 그것을 알고 있었고, 이를 전략으로 이용해 장사를 했습니다. 따라서 거짓 광고를 했다는 원고 측의 주장은 사실이 아닙니다. 그러므로 피고는 원고 측의 영업이 잘 되지 않는 것에 대해 책임을 질 필요가 없다고 주장합니다.

판결하겠습니다. 스테이크를 구울 때 가스불에서 굽느냐 숯불에서 굽느냐에 따라 스테이크의 맛에 차이가 있습니다. 불기운이 속에 얼마나 잘 스며드느냐의 차이이지요. 숯불에서 구웠을 때 불기운이 속에 더 잘 스며들어 고기의 맛이 좋아진다는 사실이 밝혀졌으므로 피고에게는 거짓 광고로 인한 잘못이 없다고 생각됩니다. 따라서 원고 측의 손해 배상에 대한 요구는 기각하겠습니다. 재판을 마칩니다.

재판 후, 스테이크마을의 모든 사람들은 최후끈 씨에게 사과를 했다. 사건 이후 손님을 끌어 모으기 위해 모두들 각자 스테이크를 더 맛있게 할 방법을 연구하기에 바빴다.

### 적외선

우리 눈으로 볼 수 있는 빛을 가시광선이라고 하며, 가시광선은 붉은빛에서 보랏빛으로 갈수록 파장이 짧아진다. 붉은빛 보다 파장이 길어서 우리 눈에 보이지 않는 빛을 적외선이라고 하는데, 적외선에는 살균 · 소독의 기능이 있다.

# 소금 없는 생선

생선을 맛있게 굽는 방법은 무엇일까요?

〈잘구워 생선구이 요리점〉은 친절한 서비스와 어떤 요리라도 완벽을 기하는 주방장의 맛 좋은 음식솜씨 때문에 인기가 많았다. 그래서 손님들은 생선구이가 먹고 싶으면 항상 이곳으로 찾아왔고, 손님이 점점 많아지자 주방을 주방장 혼자 감당하기에는 힘이 들게 되었다. 그래서 사장이자 주방장인 완벽해 씨는 큰마음을 먹고 주방 보조를 쓰기로 결정했다.

"자네가 주방 보조를 하겠다는 고집세 군인가?"

"네. 제가 전화 드린 사람입니다."

"그래? 이 자격증 정도면 어느 정도 요리 상식은 있는 것 같으니, 당장 일을 시작하게나."

사실 당장 일손이 필요했기 때문에 다른 사람을 만나 볼 시간도 없어서 완벽해 씨는 바로 고집세 군을 주방 보조로 고용했다. 하지만 고집세 군은 이름만큼이나 너무 고집이 센 사람이었다. 어느 날 생선을 구울 때 쓰는 프라이팬을 닦으라는 일을 시켰을 때였다.

"이 프라이팬은 밑의 코팅이 벗겨지면 안 되기 때문에 이 면 수세미로 살살 밀어서 씻어야 하는 거니까 신경 써서 하게."

주방장인 완벽해 씨가 그렇게 찬찬히 설명을 했는데도 불구하고 고집세 군은 때가 잘 벗겨지지 않는다는 이유로 철 수세미로 프라이팬을 밀어서 씻어버렸다. 그러는 바람에 그 프라이팬은 코팅이 벗겨져 쓸 수 없는 상태가 되어 결국 버려야 했다.

"때가 안 벗겨지는 걸 어떡해요. 일단 때를 벗겨야 하잖아요."

주방장 완벽해 씨가 어떻게 된 거냐고 물었을 때 고집세 군은 할 수 없었다며 말했다. 결국 자기 고집대로 프라이팬을 철 수세미로 밀어버린 후였다. 이렇게 조금은 다루기 힘든 고집세 군이었지만 당장 일이 바빴고 다른 사람을 다시 구할 시간이 없었던 터라 완벽해 씨는 계속 고집세 군을 주방 보조로 쓸 수밖에 없어서 프라이팬 사건은 눈감아 주기로 했다. 그러던 어느 날, 이 생선구이 요리점에 자주 오는 단골손님이 오셨다.

"오늘 단골손님이 고급 생선구이를 주문하셨어. 지금 다른 주문도 많이 밀렸으니까, 내가 다른 생선을 빨리 구울 테니 자네가 고급 생선을 굽게."

한 번에 여러 일을 시키는 것보다 중요한 하나를 시키는 것이 나을 거라는 생각에 완벽해 씨는 고집세 군에게 고급 생선구이를 시켰다.

"네. 해 보겠습니다."

고집세 군은 몇 번 생선을 구워본 적이 있었지만 이렇게 고급 생선을 구워본 적은 없어서 살짝 긴장이 됐다. 하지만 주방장 완벽해 씨가 가르쳐준 대로 하기 위해 나름대로 신경을 써서 구웠다. 생선을 구울 때는 불의 조절이 가장 중요하다고 말씀해 준 것을 생각하면서 고급 생선을 굽기 시작했다. 그런데 너무 불에만 신경 쓴 탓인지 소금을 뿌리는 중요한 일을 깜빡했고, 결국 생선은 간이 되어 있지 않은 채 그대로 단골손님의 상위에 올려졌다.

"여기 주문하신 고급 생선구이가 나왔습니다. 맛있게 드세요."

중요한 단골손님이라 서빙도 주방장인 완벽해 씨가 직접 했다. 비록 직접 굽지는 않았지만 고집세 군이 별 무리 없이 구웠을 거라고 생각한 것이다.

"역시 생선구이는 여기라니깐요!"

단골손님은 상 위에 있는 노릇노릇하고 맛깔스럽게 구워진 생선을 보면서 기대 가득한 웃음을 보였다. 그리고 주방장 완벽해 씨도 요리 칭찬에 기분 좋게 웃음으로 답했다.

"그럼 어디 한 입 먹어볼까요?"

단골손님은 맛있는 음식을 앞에 두고 도저히 못 참겠는지 얼른 젓가락으로 가지런히 누워있는 생선의 오동통한 살점을 들었다. 윤기가 흐르는 하얀 살이 보이자 완벽해 씨도 고집세 군에게 칭찬을 해 줘야겠다는 생각이 들었다. 그러나 단골손님이 한 입 먹고 얼굴이 어두워지자 완벽해 씨의 생각도 바뀌었다.

"아니, 이거 간을 한 겁니까? 만 겁니까?"

단골손님은 이 맛이 아니라는 듯 고개를 내젓다가 옆에서 숨죽이고 지켜보고 있던 주방장에게 말했다. 주방장은 화내는 단골손님을 보고 놀라면서 말했다.

"아니, 왜 그러십니까? 간이 되지 않았습니까?"

"말이라고 합니까? 드셔 보세요. 밍밍한 게 소금을 넣은 건지 만 건지."

직접 먹어보라는 단골손님의 말에 완벽해 씨는 염치 불구하고 고기 한 점을 먹었다. 그런데 정말 생선 특유의 짭짤한 맛은 하나도 없고 싱겁기만 한 것이 제대로 된 생선구이가 아니었다.

"아, 죄송합니다. 간이 잘 되지 않았군요."

주방장 완벽해 씨는 맛없는 음식을 상에 올렸다는 생각에 고개 숙이며 사과했다. 하지만 단골손님은 이미 실망한 후였다.

"주방장님의 완벽한 요리에 반해서 왔었는데, 이번에는 정말 실망입니다. 다음에 다시 여기 올지 의문이네요."

결국 단골손님은 떠나버리고 테이블에는 주방장과 고급 생선구이만이 남았다. 그리고 〈잘구워 생선구이 요리점〉에서 맛없는 생선 구이가 올려 졌다는 수치심에 주방장은 화가 많이 났다. 저번의 프라이팬 사건처럼 그냥 넘어갈 일이 아니었던 것이다. 주방장은 당장 조리실로 달려갔다.

"고집세 군! "

"네?"

고집세 군은 생선구이를 다 한 프라이팬을 다시 철 수세미로 닦고 있던 중이었다. 그러나 주방장 완벽해 씨의 눈에 그게 보일 리 없었다.

"자네, 아까 고급 생선구이는 단골손님 상에 올라간다고 내가 신경 쓰라고 했지 않았나!"

"네. 그러셨는데요. 왜요?"

고집세 군은 뭐가 잘못된 것인지 아직 파악하지 못하고 있었다.

"아까 생선구이 할 때 소금은 뿌렸나?"

"앗차!"

그제야 생각난 듯 고집세 군이 살짝 눈을 찌푸렸다. 너무 불에 신경 쓴 나머지 소금을 뿌려 간을 맞추는 걸 잊었다는 것을 이제야 생각해 낸 것이다.

"자네가 소금을 안 뿌린 덕에 우리 가게는 단골손님을 잃었네. 그러니깐 내일부터 가게에 나오지 않아도 되네."

"네? 그럼 저를 자르시는 겁니까?"


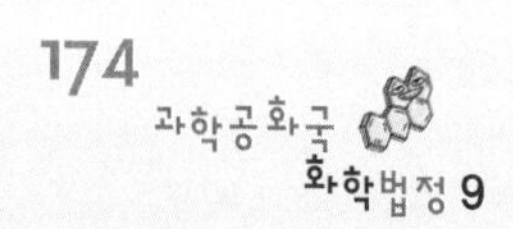

결국 주방장 완벽해 씨는 도저히 참지 못하겠는지 고집세 군을 해고하기로 마음먹었다.

"그러네. 그동안 수고했네. 그동안의 수고비는 넉넉히 챙겨주겠네."

"그건 말도 안 됩니다. 그냥 굽고 나서 소금을 뿌리면 되지 않습니까?"

"뭐라고?"

"싱겁다고 느끼면 그냥 그 자리에서 소금 뿌려서 먹으면 되는 거 가지고 뭘 그러십니까?"

항상 모든 음식에 완벽을 추구했던 완벽해 씨였기 때문에 고집세 군의 그런 말은 통하지가 않고 오히려 화만 더 나게 했다.

"그런 정신으로는 요리사가 되지 못해! 당장 자넬 해고하겠네!"

"뭐 그런 일 가지고 해고를 하십니까! 저는 그걸 받아들일 수 없습니다! 계속 이렇게 나오시면 저도 고소할 겁니다!"

고집세 군은 자신을 해고하려는 주방장 완벽해 씨를 화학법정에 고소했다.

요리하기 전에 생선에 소금을 치면 삼투압 때문에 생선의 몸속에 있던 물기가 빠져나오게 되므로 생선이 단단해져서 요리하기가 쉬워집니다.

**생선을 구울 때**
**소금을 뿌리는 까닭은?**
화학법정에서 알아봅시다.

 재판을 시작합니다. 원고 측 변론하세요.

 원고는 피고의 가게에서 주방 보조로 일하고 있었습니다. 그런데 작은 실수를 하자 피고가 무턱대고 원고를 해고했습니다. 원고가 피고 가게의 단골손님이 주문하신 고급 생선을 굽는 도중 고기에 소금을 뿌리는 것을 깜빡 잊은 것입니다. 아직 일한지 얼마 되지 않았는데 고급 생선을 굽도록 시키는 바람에 긴장을 한 것이지요. 그런데 그 음식을 먹은 단골손님이 불쾌함을 표시하자 곧바로 원고를 해고했습니다. 처음부터 힘든 일을 시켜놓고 실수를 했다고 해서 바로 해고를 하다니요? 만약 소금을 뿌리지 않아 간이 안 맞았다면 그 자리에서 곧바로 소금을 뿌렸으면 됐을 일인데, 해고를 한다는 것은 부당합니다. 따라서 해고를 취소해 주실 것을 요청합니다.

 피고 측 변론하세요.

 생선요리 전문가 피쉬그랄 씨를 증인으로 요청합니다.

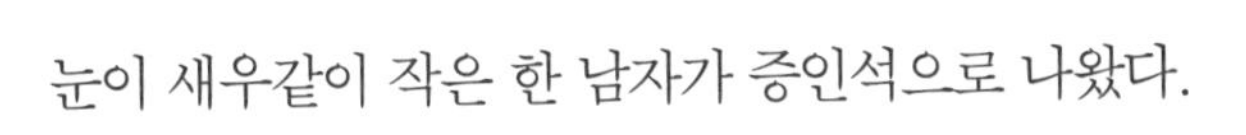
눈이 새우같이 작은 한 남자가 증인석으로 나왔다.

증인은 생선 요리를 전문으로 한다고 하셨는데 증인도 생선 요리를 할 때 소금을 뿌립니까?

당연하지요.

생선에 소금을 뿌리는 이유는 무엇입니까?

꽁치나 고등어 등 생선은 물론이고 쇠고기 등 고기를 구울 때도 으레 소금을 뿌리곤 하죠. 계란 프라이의 경우도 마찬가지구요. 만약 깜빡하고 소금을 뿌리지 않으면 맛이 없게 됩니다. 그렇다고 상 위에 오른 뒤에 소금을 뿌려 봤자 소용이 없습니다. 맛만을 내려고 고기 요리에 소금을 뿌리는 것은 아닙니다. 맛도 맛이지만 고깃살을 단단하게 만들려고 하는 것이지요.

고깃살을 단단하게 하다니요? 좀 더 자세히 설명해 주십시오.

조리 전에 생선에 소금을 치면 생선의 표면에 남아있던 물기에 소금이 녹게 됩니다. 그 뒤 삼투압 때문에 생선의 몸속에 있던 물기가 밖으로 배어나와 생선이 단단해져 웬만큼 거칠게 다루지 않으면 모양이 찌부러지거나 부서지지 않게 되지요. 또 소금은 생선이나 고기에 들어 있는 단백질을 빨리 굳게 함으로써 생선 속에 있는 맛이 밖으로 쉽사리 빠져나오는 것을 막는 역할을 하기도 합니다.

삼투압이 무엇입니까?

농도가 서로 다른 두 가지의 액체를 반투막으로 막아 놓았을 때, 두 액체 중 농도가 더 낮은 쪽에서 농도가 더 높은 쪽으로 용매가 이동하는 현상을 삼투라고 합니다. 삼투 현상이 일어날 때 반투막이 받는 압력을 삼투압이라고 하지요.

그렇군요. 그렇다면 고기에 소금을 뿌리는 것은 프라이팬에 조리를 할 때입니까?

고기 종류에 따라 소금을 뿌리는 시간은 약간씩 차이가 있습니다. 소고기 같은 육류의 경우에는 굽기 직전이 좋고 생선이라면 굽기 30분에서 1시간 전이 적당하지요. 너무 오래 소금에 절여 놓으면 제 맛을 내기가 어렵거든요.

뿌리는 소금의 양은 얼마나 해야 하나요?

식성에 따라 차이가 나겠지만, 육류의 경우에는 요리할 고기의 약 1퍼센트 정도, 생선이라면 약 2퍼센트를 뿌리는 게 바람직합니다. 조금 높은 곳에서 흩뿌리듯이 소금을 치면 한 쪽으로 쏠리지 않고 골고루 뿌릴 수 있다는 것도 알아두면 좋겠죠.

네, 알겠습니다. 판사님, 원고는 소금을 뿌리지 않고 요리해서 손님의 상에 올린 고기를 먹을 때 소금을 치고 먹으면 됐을 일이라고 했지만 사실은 그렇지 않았습니다. 이미 조리가 끝난 뒤 먹을 때 고기에 소금을 뿌린다면 맛이 없기 때문입니다. 따라서 원고가 저지른 실수는 그저 작은 실수가 아니지요. 그 덕분에 피고는 단골손님을 한 명 잃게 생겼으니까요.

따라서 원고를 해고한 피고의 행동은 당연한 조치였다고 생각됩니다. 그러므로 해고를 취소해 달라는 원고의 요구는 들어줄 수가 없다는 것이 피고 측의 입장입니다.

판결합니다. 원고는 피고가 부당한 이유로 자신을 해고시켰다고 했지만 여러 가지 정황으로 보아 원고의 해고는 부당하지 않았다고 생각되며, 오히려 원고로 인해 피고가 받은 피해가 더 크다고 보입니다. 따라서 해고를 취소해 달라는 원고의 요구는 기각하겠습니다.

재판 후, 판결에 따라 고집세 군은 해고당할 수밖에 없었다. 해고 후 고집세 군은 다른 일자리를 구하면서 자신의 고집을 꺾을 줄 알아야 된다는 것을 절실히 느끼게 되었다.

반투막을 경계로 하여 두 용액 간에 농도 차이가 있을 때, 농도를 같게 하기 위해서 농도가 낮은 곳의 물이 농도가 높은 곳으로 흘러 들어가게 되는데 이 현상을 삼투현상이라고 한다.

# 간 맞추기

음식의 간을 맞추는 데도 순서가 있을까요?

전국에서 요리 좀 한다는 주부들만 참가할 수 있는 주부 요리 경연 대회가 있었다. 이 주부 요리 경연 대회는 일 년에 한 번 열릴 때마다 많은 사람들의 관심을 받았고, 공중파에 생중계 될 정도로 인기 있는 대회였다. 그래서 이번 대회는 그 인기에 힘입어 유명한 아나운서가 진행까지 맡게 되었다.

"안녕하십니까! 저는 제 7회 주부 요리 경연 대회의 사회를 맡은 유명한입니다. 벌써 7회를 맞은 이번 대회에 사람들의 관심이 집중되어 있는데요. 이번에 치열한 예선과 본선을 거쳐서 결승까지 오신 두 주부님들을 소개하겠습니다!"

주부 요리 경연 대회는 요리하는 과정을 모두 보고 심사를 하기 때문에 결승에는 딱 2명만이 오를 수 있었다. 그래야 심사 위원들이 더 자세히, 정확하게 볼 수 있기 때문이었다. 결승에 진출한 두 주부는 잘맞춰 씨와 거꾸로 씨였다.

"안녕하세요! 유치원에 다니는 두 아이의 엄마 잘맞춰입니다. 이번에 꼭 이겨서 정말 요리 잘하는 엄마로 인정받고 싶습니다!"

많이 준비한 잘맞춰 씨의 인사가 끝나자 뒤에 거꾸로 씨의 인사가 이어졌다.

"반갑습니다! 당당한 주부, 거꾸로입니다! 힘들게 본선을 통과한 만큼 결승에서도 열심히 하겠습니다!"

두 사람의 인사가 끝난 후 유명한 아나운서의 대회 방식 소개가 이어졌다.

"모두 주부 요리 경연 대회가 어떻게 진행되는지 아시지요? 똑같은 재료로 똑같은 요리를 하셔야 합니다. 그러나 사람마다 맛은 다르겠지요? 심사 위원이 두 분의 요리하는 모습을 처음부터 끝까지 보고 계실 겁니다. 심사 위원으로는 딱알아 씨께서 수고해 주시겠습니다."

심사 위원 자리에 있던 딱알아 씨가 일어나서 방청객과 두 도전자에게 정중히 인사를 하자, 방청객들이 심사 위원 딱알아 씨에게 박수를 쳤다. 곧바로 딱알아 씨가 심사 기준을 설명했다.

"네. 저는 얼마나 위생적으로 요리하는가, 요리하는 기본적인 순서가 맞는가와 요리하는 태도를 중점적으로 보고 마지막으로 누가 맛있는 음식을 만드는가를 보겠습니다. 두 도전자 모두 열심히 해 주시기 바랍니다."

이렇게 해서 본격적인 요리 대결이 시작되었다. 칸막이가 있어 서로의 요리하는 모습을 볼 수 없게 된 곳에서 두 도전자는 요리를 하고, 심사 위원 딱알아 씨는 두 사람의 모습을 모두 볼 수 있는 앞자리에 앉아 두 사람의 요리하는 모습을 지켜보았다.

"네, 두 분의 요리가 시작되었습니다. 그런데 서로 짜고 하는 것도 아닌데, 두 분의 요리 속도나 요리 순서가 지금까지는 똑같네요."

유명한 아나운서가 마이크를 잡고 두 사람의 요리를 생중계하고 있었다. 그런데 정말 유명한 아나운서의 말처럼 두 사람의 요리 순서가 똑같았다. 방청객 자리에는 두 도전자의 가족들도 나와 있었는데, 칼 소리가 날 때마다 사람들은 손에 땀을 쥐고 보고 있었다. 이 대회의 우승자는 100만 달란 이라는 아주 큰 상금을 받기 때문에 사람들의 이목이 집중되는 것은 당연했다.

"네! 아직은 별다른 것이 보이지 않고 있습니다. 주부 요리 경연대회의 우승이라는 명예와 100만 달란의 상금을 받을 사람은 누가될지! 방청객, 그리고 텔레비전을 보고 계시는 시청자 분들의 관심이 여기까지 느껴질 정도입니다."

맛깔스러운 유명한 아나운서의 진행으로 대회의 분위기는 점점 무르익어 갔다. 그리고 동시에 주재료의 손질이 시작되었다. 당연히 딱알아 씨의 눈도 빠르게 움직였다.

"드디어 주재료의 손질이 시작되었습니다. 그러나 역시 손질 방법도 두 분 모두 똑같습니다! 이러다가 똑같은 맛의 요리가 나오게 되는 건 아닐까요?"

똑같은 요리 방식이라면 맛 또한 똑같을 수밖에 없기에 사람들은 더 눈을 크게 뜨고 지켜봤다. 동시에 2명의 우승자가 나타날 수도 있는 가능성이 보였기 때문이다.

"하나도 다르지 않는 똑같은 손질이 끝나고, 이제 드디어 간을 맞출 차례입니다!"

이때까지의 요리 방식이 똑같았다면 이제 맛에 차별을 둘 수 있는 기회는 간을 맞출 때뿐이기 때문에 심사위원인 딱알아 씨도 큰 눈을 더 크게 뜨고 지켜봤다.

"아! 여기서 두 도전자의 요리가 차이를 보일지! 기대되는 순간입니다!"

잘맞춰 씨는 차분하게 준비된 재료 쪽에서 설탕, 소금, 식초, 간장을 꺼냈다. 그리고 설탕을 넣고, 소금, 그다음 식초, 그리고 간장을 순서대로 넣었다. 그때, 거꾸로 씨도 재료 쪽에서 잘맞춰 씨가 꺼낸 설탕, 소금, 식초, 간장을 그대로 꺼냈다. 하지만 넣을 때 간장, 식초, 소금, 설탕 순서로 넣었다. 여기서 둘의 요리 방식이 차이가 난 것이다.

"네, 지금 잘맞춰 씨와 거꾸로 씨가 넣은 양념의 양은 똑같았지만 넣는 순서는 달랐습니다! 이것이 요리의 맛에 영향을 미칠지 궁금하네요!"

그때 심사 위원인 딱알아 씨의 눈이 꿈틀거렸다. 무엇인가 발견했다는 표시였다. 그리고 고개를 끄덕거리며 종이에 무언가를 적기 시작했다. 그렇게 제한 시간에 가까워지자 두 도전자 모두 요리를 완성했다.

"드디어 요리가 완성되었습니다! 이제 심사 위원 딱알아 씨의 심사와 우승자가 누가 될 것인지만 남았는데요! 두 도전자 모두 긴장된 얼굴로 심사를 기다리고 있습니다!"

심사 위원 딱알아 씨 앞의 탁자에 두 도전자의 요리가 올려졌다. 그러나 심사위원은 앞에 있는 젓가락을 들어 보지도 않고 바로 우승자를 결정했다고 말했다.

"네? 먹어 보시지도 않고 결정하셨습니까? 그럼 누가 우승자인지 말씀해 주시지요!"

"네! 제 7회 주부 요리 경연 대회의 우승자는 잘맞춰 씨입니다!"

딱알아 씨의 말이 떨어지자마자 잘맞춰 씨는 기쁨의 눈물을 흘렸다. 방청석에 있던 가족들이 나와 잘맞춰 씨와 함께 기쁨을 나누고, 방청객들은 박수를 보내며 축하의 표시를 했다. 그때 기뻐하지 않는 사람은 거꾸로 씨뿐이었다.

"이건 뭔가 잘못된 거예요!"

사람들이 기뻐하던 것도 잠시, 거꾸로 씨의 말 때문에 다시 대회장은 조용해졌다.

"어떻게 먹어 보지도 않고 우승자를 결정하는 거죠? 이건 분명 음모가 있는 거예요!"

"음모라니요! 저는 공정하게 심사했습니다!"

"혹시 저 도전자와 아는 사이거나 대회 전에 무언가를 받은 것 아닙니까?"

"아닙니다! 절대 아닙니다!"

"요리 대회에서 맛을 보지도 않고 맛있는 음식을 결정하다니, 이건 절대 공정하지 못한 결과에요! 난 이 결과를 인정할 수 없어요!"

결국 화가 난 거꾸로 주부는 이 대회에 무슨 음모가 있다고 생각하고 심사위원 딱알아 씨를 화학법정에 고소했다.

양념은 분자량에 차이가 있으므로 분자,
즉 맛의 알갱이가 큰 것을 먼저 넣어야 각각의 맛을 모두 살릴 수 있습니다.

음식의 간을 맞출 때
왜 설탕을 먼저 넣을까요?
화학법정에서 알아봅시다.

 재판을 시작하겠습니다. 원고 측 변론해주세요.

 원고는 피고가 심사를 하는 요리 경연 대회 결승전에 오르게 되었습니다. 똑같은 재료로 똑같은 음식을 만드는 것이었습니다. 심사 기준은 얼마나 위생적인가, 요리 순서가 맞는가, 요리하는 태도와 맛 이 4가지를 보겠다고 했습니다. 그런데 피고는 원고와 상대편이 요리를 마치자마자 우승자를 정했습니다. 요리를 먹어 보지도 않고 말입니다. 이것은 심사 기준 중 하나를 아예 평가 항목에서 제외시킨 것입니다. 이는 필시 부정한 거래가 오고 간 걸로 보입니다. 그렇다면 다시 평가를 해야겠지요. 따라서 원고는 피고가 음식을 다시 한 번 심사를 할 것을 요구합니다.

 피고 측 변론해주세요.

 미식가이신 입맛까다로워 씨를 증인으로 요청합니다.

안경을 쓴 눈매가 사나운 한 여인이 증인석으로 나왔다.

증인, 증인은 피고의 결정을 어떻게 생각하십니까?

저 역시 그 프로그램을 생중계로 보고 있었는데, 피고의 결정이 옳았다고 생각해요.

그 이유는 무엇입니까?

모든 일에는 순서가 있는 법이죠. 우리가 느끼는 계절의 변화도 봄 다음에 여름이 오고 여름이 지나야 가을이 오며 가을이 지나면 겨울이 오는 법이에요.

원고의 음식 만드는 순서가 잘못되었다고 말씀하신 겁니까?

신발을 신고 나서 양말을 신을 수 없으며, 윗단추를 잘못 끼우면 나머지 단추도 줄줄이 잘못 끼우게 돼요. 음식 만드는 순서가 틀렸는데 그 결과가 어떻게 좋겠어요?

어디서 조리 과정이 틀린 것입니까?

음식의 간을 맞추는 데서부터 잘못된 것 같더군요. 음식의 맛에는 순서가 있어요. 설탕, 소금, 식초, 간장, 된장 순으로 양념을 하는 게 보통이죠. 이런 순서를 바꾸게 되면 맛이 이상해져요. 소금은 설탕보다 분자량이 작아요. 쉽게 말해 알갱이의 크기가 작아서 음식의 깊은 곳까지 파고든다는 뜻이죠. 그래서 소금을 먼저 넣으면 자리를 다 차지해 버려 설탕이 들어갈 여지가 없게 되므로 단 맛이 음식에 골고루 밸 수 없어요. 또 소금은 음식 속의 물과 결합하여 음식을 단단하게 굳히는 성질이 있어 설탕이 스며드는 것을 방해해요. 맛이 깊은 곳까지 배도록 할 때는 양념의 순서를 지켜야 하죠. 그렇지 않을 때는 처음부터 간을 맞추고 요리를 하든가요.

그렇군요. 양념의 순서가 잘못되었던 것이군요. 알겠습니다. 판사님, 증인의 말을 토대로 하면 원고는 요리를 할 때 조리 순서를 지키지 못했습니다. 따라서 원고의 상대방보다 조리 순서에 관한 심사에서 낮은 점수를 받게 되었지요. 그런데다 양념의 순서가 틀렸으니 음식의 맛 역시 원고가 상대방보다 못할 것이 당연합니다. 그래서 피고는 당연히 원고보다 상대방의 음식을 선택한 것이지요. 따라서 피고의 심사는 부당하지 않다고 생각됩니다.

판결합니다. 원고는 음식을 시식하지도 않고 결과를 확정지은 피고의 판단이 잘못되었다고 다시 심사를 해줄 것을 요청했습니다. 그러나 원고는 조리 순서를 지키지 못했고, 당연히 맛 역시 상대방에 비해 좋지 않을 것으로 생각됩니다. 따라서 피고는 모든 심사 기준에 부합한 심사를 한 것이지요. 그러므로 다시 심사해줄 것을 요구한 원고의 의견은 받아들일 수 없습니다.

재판 후, 거꾸로 주부는 패배를 인정할 수밖에 없었다. 그러나 이 사건으로 인해 간 맞추는 데도 순서가 있다는 것을 알게 된 거꾸로 주부는 앞으로 음식을 더 맛있게 만들 수 있겠다며 오히려 싱글벙글했다.

**분자량**

물질은 분자로 이루어져 있고 그 분자는 원자로 이루어져 있다. 탄소-12($^{12}C$)의 원자량을 12라 하고, 이를 기준으로 다른 원자의 질량을 나타낸 것을 그 원자의 원자량이라고 합니다. 분자량은 분자를 이루는 원자들의 원자량의 합을 말한다.

## 과학성적 끌어올리기

### 과일의 숙성과 에틸렌

덜 익은 파란 바나나나 레몬을 어떻게 빨리 익힐 수 있을까? 종이 봉투에 넣어 두면 된다. 중국의 농부들은 향을 피운 방에 과일을 저장하여 익히는 방법을 알고 있었다. 서양에서는 석유스토브를 켜서 과일을 익혔다. 이 모든 과정에 존재하는 것이 에틸렌 가스다. 에틸렌은 석유 연료를 태우거나 특정 시기에 이른 식물의 특정 부위 등에서 생산된다. 에틸렌은 식물의 발아, 개화, 과일의 숙성, 낙엽을 촉진한다. 숙성한 과일에서 생겨난 에틸렌 가스는 주위의 다른 과일의 숙성도 촉진한다. 그러므로 썩은 사과 하나를 상자 속에 넣어두면 다른 사과들도 빨리 썩게 되는데 이것이 바로 에틸렌 가스의 작용이다. 과일 수송 업자들은 과일이 과도하게 숙성되는 것을 방지하기 위해 저장실의 공기에서 에틸렌을 화학적인 방법으로 제거해 준다. 한편 옛날 농부들 중 석유스토브가 아닌 다른 것으로 과일을 따뜻하게 한 농부들은 원하는 과일 맛을 얻지 못했다. 과일을 숙성시킨 것은 열이 아니라 에틸렌이었기 때문이다.

# 과학성적 끌어올리기

드디어 우리가 나설 차례구나!
덜 익은 과일을 익히려면 석유난로를 피우면 돼.
석유연료를 태우면 에틸렌 가스가 나오지. 에틸렌 가스가 과일을 익게 하거든.
석유난로
아~ 그래서 사과가 맛있었구나!

## 과학성적 끌어올리기

### 금속과 전자레인지

전자레인지는 강한 전자기파를 발생하여 물질을 데운다. 이 전자기파는 전자레인지 안에 있는 물질 속에서 전자를 끄집어 낼 수 있을 정도로 강하다. 금속의 경우는 자유전자들이 많아 전자레인지에 넣으면 금속속의 자유전자들이 밖으로 빠르게 빠져나가면서 주위의 공기와 충돌하여 번개처럼 스파크를 일으킨다.

전기는 뾰족한 곳에 잘 모이는 성질이 있으므로 포크처럼 뾰족한 곳이 있는 것은 전자레인지 안에서 더 강한 스파크를 일으키므로 더욱 위험하다.

### 통밀빵

통밀빵과 같은 웰빙 식품은 껍질에 비타민이 많이 있는 것으로 알려져 있다. 통밀빵은 가루를 만들 때 껍질을 벗겨내지 않고 갈은 것으로 철분과 비타민 B가 많이 함유되어 있다. 하지만 이 바깥층을 깎아 내지 않아서 오히려 잃는 영양소도 있다. 곡물의 어떤 부분을 버려야 영양가가 높아진다는 말이 이상하게 들릴지 모르지만 칼슘이 그렇다. 칼슘은 통밀보다 흰 밀가루를 통해 더 많이 섭취할 수 있는 중요한 영양소 중 하나이다. 사실 통밀에는 밀가루와 동일한 양의 칼슘이 들어 있지만 통밀에 들어 있는 성분 중 피틴산이 칼슘의 흡수를 방해한다. 칼슘의 충분한 섭취가 중요한 어린이들은 빵만으로 칼슘을 충분히 섭취할 수 없다. 2차 대전 중 통밀빵을 주식으로 했던 더블린에서는 그 결과 골연화증인 구루병이 크게 발생했었다. 칼슘은 우유를 통해서 섭취하면 빵으로 먹는 것보다 같은 양을 먹어도 더 많은 양을 흡수하게 되므로 빵을 먹을 때는 우유를 함께 먹는 것이 좋다. 정상적인 식사를 한다면 통밀빵을 먹을 경우 섬유소를 섭취할 수 있다는 이점이 있다. 섬유소는 소화나 흡수는 되지 않지만 소화 작용을 촉진시킨다. 섬유소를 많이 먹으면 장의 소화 운동 속도를 빠르게 하고 충수염, 결석, 동맥경화, 특정 암을 예방하는 효과가 있다. 다른 모든 식품과 마찬가지로 통밀빵도 여러 가지 요소들이 섞여 있다. 통밀빵을 먹어서 불리한 점 대부분은 우유 같은 것으로 보충이 가능한 것이므로 약간의 칼슘을 포기하더라도 통밀빵을 먹고 섬유소를 얻는 것이 건강에 더 유리할 수도 있다. 진정한 식품의 가치는 다양한 식품을 섭취하여 그 영양소들이 상호 작용하여 영양가를 높이는 데 있을 것이다.

제3장

# 음식과 건강에 관한 사건

커피 – 커피 다이어트

물 – 유통 기한 지난 물

오이 – 오이 때문에 생긴 설사 소동

버섯 – 은수저와 독버섯

신 음식 – 신 김치에 침 흘리는 남자 친구

장어와 복숭아 – 장어 VS 복숭아

고구마 – 고구마 감기약

# 커피 다이어트

커피를 먹으면 다이어트가 될까요?

"또 먹어? 그만 먹고 살 빼."

오랜만에 친구들과 점심 식사를 같이 하게 된 김뚱녀 씨가 옆에 있는 밥까지 먹으려고 가져가자 친구들이 걱정스럽게 쳐다보며 말했다. 김뚱녀 씨는 어릴 때부터 과자와 사탕, 초콜릿을 입에 달고 다닌 탓에 이렇게 살이 쪄 버렸다. 어엿한 성인이 되었는데도 김뚱녀 씨의 몸은 그대로이자 오히려 친구들이 걱정했다.

"비만 그거 무시 못해. 모든 병의 출발점이란 말이야."

김뚱녀 씨는 친구들의 말을 진지하게 들었다. 사실 며칠 전 계절이 바뀌면서 작년 옷을 꺼내 입어 봤는데 하나같이 맞지 않아서 김뚱녀 씨는 이상하게 생각했었다.

"옷이 언제 이렇게 줄어들었지?"

작년에 입었던 옷을 꺼내 입으며 김뚱녀 씨는 옷이 작아진 탓을 했지만 사실 김뚱녀 씨의 몸이 뚱뚱해진 것이었다. 이렇게 친구들의 말도 있고 옷도 맞지 않는 것을 느끼자 김뚱녀 씨는 살을 빼야겠다고 마음먹었다. 그래서 고심 끝에 헬스를 다니기로 했다.

"헬스장에서 뛰면 살이 좀 빠지겠지!"

김뚱녀 씨는 처음으로 헬스장에 갔었다. 헬스장이 집에서 조금 멀리 위치하고 있었지만 가는 동안에도 걸을 수 있다는 생각에 등록을 한 것이었다. 처음 하루는 가서 불타는 의지로 열심히 뛰었다. 하지만 그것도 오래 가지 않았다.

"헬스장까지 가기가 귀찮아."

소문난 귀차니스트인 김뚱녀 씨에게 매일매일 헬스장에 가서 운동을 하는 것은 무리였다. 서서히 귀차니즘이 발동한 김뚱녀 씨는 하루 안가고 일주일 안가고 한 달 안가다 아예 헬스장을 가지 않았다. 결국 헬스도 그만둔 것이었다. 헬스를 다니다 말았다는 얘기를 들은 친구는 그러면 그냥 집 옆에 있는 공원을 걸으라고 충고했다.

"공원? 그래, 그건 가까우니깐 매일 갈 수 있을 거야!"

하지만 걷는 것 자체에 귀찮음을 느낀 김뚱녀 씨는 아무리 가까운 공원이라 해도 30분 이상 운동하고 들어온 적이 없었다. 결국 시간이 지나자 처음 살을 뺄 거라고 다짐한 마음은 온데간데없이 사라지고 김뚱녀 씨는 다시 게을렀던 원래 모습으로 돌아왔다.

"리모컨이 어디 있지?"

언제나 그랬듯이 소파에 누워서 과자를 먹으며 텔레비전을 보던 김뚱녀 씨는 채널을 돌리기 위해 리모컨을 찾았다가 저기 바닥에 있는 리모컨을 발견하고서는 발로 스윽 밀어 발가락으로 채널을 돌렸다.

"앗, 아파라."

발톱이 너무 많이 길어서 리모컨을 누르다가 발가락에 통증을 느낀 것이다. 그래서 결국 손발톱을 깎기로 했다. 손발톱을 깎는 게 별 일은 아니지만 여간 귀찮은 게 아니라서 김뚱녀 씨는 마음을 먹고 손발톱을 깎아야 했다. 옆에 있던 신문을 펼치고 그 위에서 발톱을 깎고 있다가 김뚱녀 씨는 관심을 끄는 기사를 발견했다. 큰 제목은 다음과 같았다.

**커피 다이어트 효과**

다이어트란 말에 눈이 가긴 갔는데 다른 사람들이 조언해 준 것처럼 열심히 운동을 하거나 몸을 움직여서 다이어트를 하는 것이 아니라 커피를 마시는 것만으로도 다이어트를 할 수 있다는 기사였다. 김뚱녀 씨는 귀찮게 움직이지 않아도 된다는 생각에 기사를 더 자세히 읽어보았다.

"그래, 내가 찾는 다이어트가 이런 거였어!"

커피를 먹으면 살이 빠진다는 말에 김뚱녀 씨는 잊고 있었던 다이어트를 하겠다는 의지를 생각해 냈고 커피 다이어트를 하기로 마음먹었다. 다른 것 없이 그냥 커피만 먹으면 된다고 생각했기 때문에 김뚱녀 씨는 이 다이어트만은 꼭 성공하리라는 다짐을 했다.

"내가 김야중처럼 변할 때까지, 커피를 마시겠어!"

김뚱녀 씨는 그날부터 당장 커피를 타 마시기로 했다. 그래서 주전자에 물을 담아 가스레인지에 올려두고 그동안 컵에 커피와 설탕, 크림을 담았다. 원래 먹는 만큼 한 스푼씩 담았다가 커피가 다이어트에 도움이 된다는 기사를 다시 한 번 떠올리고 이왕이면 많이 먹으면 더 다이어트 효과가 나지 않을까 생각해서 커피, 설탕, 크림을 세 스푼씩 넣었다. 그리고 물을 부어 휘휘 저었다. 한 입 맛을 본 김뚱녀 씨는 바로 입을 뗐다.

"커피가 너무 진한데. 아니야, 이래야지 살이 빠지지!"

김뚱녀 씨는 입에 쓴 약이 몸에도 좋다는 말을 떠올리고 쓴 커피를 마셔야지 다이어트 효과가 커질 거라고 생각하면서 커피를 마셨다. 김뚱녀 씨는 그 이후로도 매일 식후 세 번 그리고 목이 마를 때마다 진한 커피를 타 마셨다. 매일 커피를 마신 탓에 김뚱녀 씨는 매일 밤 잠을 이루지 못했다.

"양 한 마리, 양 두 마리, 양 세 마리."

눈 밑에 있던 다크써클이 턱까지 내려온 것은 당연했고 매일 밤마다 양을 세며 몇 시간을 뒤척여야지만 얕은 잠이라도 잘 수 있었다. 이 모든 것이 살을 빼기 위한 고통이라고 생각하며 김뚱녀 씨는 커피를 마시는 것을 그만두지 않았다. 그렇게 몇 주가 지났다. 드디어 커피 다이어트의 효과를 확인해 볼 날이 다가온 것이다.

"내가 이렇게 고생했는데, 당연히 살이 빠졌겠지?"

체중계를 앞에 두고 김뚱녀 씨는 긴장이 되었다. 그동안 다이어트를 위해 열심히 커피를 먹었기 때문에 얼마만큼 살이 빠졌을지 궁금하기도 했다. 김뚱녀 씨는 체중계 위에 한 발씩 올렸다. 발을 올릴 때마다 체중계의 바늘은 심하게 흔들렸다. 다 올라선 후 눈을 질끈 감은 김뚱녀 씨는 살짝 실눈을 떠서 체중계 바늘을 확인했다.

"뭐야, 저번보다 7kg이나 쪘잖아!"

김뚱녀 씨는 혹시나 눈금을 잘못 보지 않았나 생각하면서 눈을 크게 뜨고 다시 봤다. 그러나 여전히 눈금은 다이어트전보다 7kg이나 더 불어난 눈금에 멈춰있었다.

"아니야. 이건 분명히 체중계가 이상한 걸거야."

이를 믿지 못하고 김뚱녀 씨는 체중계에서 내려와 기계를 흔들고는 다시 올라섰다. 하지만 눈금은 그대로였다. 김뚱녀 씨는 당황하면서 이 일이 어떻게 된 것인지 생각해 보았다.

"분명히 신문에서 커피가 다이어트 효과가 있다고 했고, 그래서 나는 커피를 마신 것뿐인데… ….”

김뚱녀 씨는 살을 빼려고 했는데 결국 더 쪄 버리자 화가 났고 이것은 신문사가 잘못된 기사를 냈기 때문이라고 생각했다. 그래서 김뚱녀 씨는 잘못된 기사를 실은 신문사를 화학법정에 고소하기로 했다.

“내가 먹은 커피가 그대로 살로 가다니! 이건 기사 내용과 다르잖아요!”

커피를 마시면 체온이 높아지고 신진대사가 촉진되어 체내 지방을
잘 연소시켜 주기 때문에 다이어트에 효과가 있습니다.

**커피는 정말 다이어트에 도움이 되는 것일까요?**

화학법정에서 알아봅시다.

 재판을 시작합니다. 원고 측 변론하세요.

 피고 측은 신문에다가 다이어트 커피를 마시면 살이 빠진다는 광고를 실었습니다. 그 기사를 본 원고 김뚱녀 씨는 곧바로 그 커피를 사서 몇 주 동안이나 열심히 마셨지만, 아무런 효과가 없었습니다. 오히려 커피를 구매하여 먹기 전보다 7kg이나 체중이 더 증가했습니다. 그런데다가 커피를 먹는 동안 밤에 잠이 오지 않아 밤잠까지 설치며 불면증에 시달렸고, 그래서 예전보다 건강이 더 나빠졌습니다. 이것은 피고 측이 신문에 검증되지 않은 잘못된 기사를 싣고, 광고를 했기 때문입니다. 그러므로 잘못된 기사로 인해 피해를 받은 원고를 위해 피고가 피해 보상을 해야 한다고 주장합니다.

 피고 측 변론하세요.

 다이어트 커피를 마시고 체중 감량에 도움을 받은 나예뻐 양을 증인으로 요청합니다.

원고 김뚱녀와는 다르게 날씬하고 예쁜 20대 초반의 여성이 증인석으로 나왔다.

증인, 증인은 정말 다이어트 커피를 마시고 체중 감량에 도움을 받았나요?

물론이에요. 지금 저를 한 번 보세요. 이 날씬한 몸이 모두 다이어트 커피의 덕이라니까요.

그렇군요. 그렇다면 원고는 왜 체중이 감량되지 않았을까요?

커피에 설탕과 크림을 넣어서 마셨기 때문이에요.

다이어트 커피를 먹을 때는 설탕과 크림을 넣으면 안 되나요?

당연한 거 아니겠어요? 커피가 아니더라도 크림과 설탕은 살찌기 쉬운 것들이잖아요? 그런데 그걸 커피에 그렇게나 많이 넣어 마셨으니 살이 더 찔 수밖에요.

그럼 크림과 설탕을 넣지 않고 커피를 마시면 정말 다이어트에 도움이 됩니까?

당연하죠. 커피를 마시면 체온이 높아지고 신진대사가 촉진되어 체내 지방을 잘 연소시키지요. 왜냐하면 커피 속의 카페인은 인체의 에너지 소비량을 10% 가량 증가시켜 주기 때문이에요. 그 때문에 비만을 막을 수 있는 거죠. 다이어트 커피는 이런 장점을 살린 거예요.

그렇군요. 그렇다면 다이어트를 위해서는 꼭 블랙 커피를 타 마셔야 되겠군요?

네, 그래요. 그리고 또 하나 기억해 두면 좋은 것은 커피는 단물로 끓이면 좋다는 거예요. 칼슘이나 마그네슘, 철 등이 많이 함유된 센물은 커피에 들어있는 단백질, 지방, 유기산 등과 반응해서 커피의 향기와 맛을 손상시키고 물을 혼탁하게 만들지요. 그런데다 카페인과 타닌이 추출되지 않아서 아주 맛이 없는 커피가 돼요.

네, 잘 알겠습니다. 그런데 원고 측에서는 커피를 마셔서 불면증에 시달린다는데 그것은 어쩔 수 없는 것입니까?

글쎄요, 아마 커피를 너무 많이 마셔서 그런 걸 거예요. 커피에는 카페인이 있죠? 그 카페인은 졸음을 막는 역할을 하거든요. 그래서 시험 기간이나 업무가 바쁠 때 사람들이 커피를 마시는 거죠. 또 커피는 숙취 해소에도 도움을 줘요.

커피가 숙취 해소에 도움을 줄 수도 있군요?

네. 커피는 혈액의 흐름을 빠르게 하기 때문에 마시면 심장 박동이 빨라지고 모세혈관과 말단의 혈관을 확장시켜서 혈액의 흐름을 좋게 해주는 역할도 하죠. 그래서 숙취 해소에도 도움이 돼요. 술에 취한다는 건 알코올이 체내에서 분해돼서 아세트알데히드로 변하는 거예요. 그리고 이게 오랫동안 체내에 남아있는 게 숙취죠. 그런데 커피를 마시게 되면 카페인이 간이나 신장의 작용을 활발하게 하도록 해서 아세트알데히드의 분해를 더욱더 촉진시키게 되죠. 따라서 술을 마신 뒤 커피를 한 잔 마시게 되면 숙취 해소에 큰 도움을 줄 수 있어요. 하지만, 뭐든 과하면 모자라는 것만 못하게 되죠. 그래서 원고가 불면증에 시달리는 거구요.

네, 증언 감사합니다. 재판장님, 사건의 정황과 증인의 증언으로 보아 이번 사건은 다이어트 커피를 마실 때 블랙 커피로 마셔야 한다는 것을 모르고 그저 많이 마시면 되는 줄로 착각하고 설탕과 크림을 가득 넣어 마신 원고 측의 잘못으로 일어난 것입니다. 만약 원고 측에서 설탕과 크림을 넣지 않은 블랙 커피를 마셨다면 이러한 문제는 일어나지 않았을 것입니다. 그런데다 원고는 커피를 마실 때 지나치게 진하게 타서 마셨기 때문에 밤잠을 설치게 된 것입니다. 따라서 이 모든 사건은 신문사의 잘못된 기사 때문이 아니라 원고의 착각에서 일어난 것이므로 신문사에서는 피해 보상을 할 필요가 없다고 생각합니다.

판결합니다. 요즈음 시중에 다이어트를 위한 제품들이 많이 나와 있습니다. 그 중에 다이어트 커피는 마시기만 하면 된다는 생각 때문에 많은 사람들이 찾고 있는 제품입니다. 하지만 다이어트 커피가 다이어트에 도움이 되는 것은 커피 속 카페인의 작용 때문이므로 설탕과 크림을 넣어서 마셔서는 안 됩니다. 이것을 모르는 사람들은 원래 자신의 식습관대로 커피에 설탕과 크림을 넣어 마셔서 피해를 보기도 합니다. 따라서 이번 사건은 다이어트 커피는 블랙 커피로 먹어야 한다는 것을 알지 못한 원고의 잘못과 함께 그것을 미리 알리는 기사를

덧붙이지 않은 신문사 측에도 잘못이 있다고 판단됩니다. 따라서 원고 김뚱녀 양이 입은 피해에 대해서는 쌍방 모두 책임이 있다고 판결합니다.

재판 후 신문사는 다이어트 커피를 광고하는 기사에 커피는 꼭 블랙 커피를 마셔야 한다고 덧붙였다.

그리고 김뚱녀 씨는 남은 다이어트 커피를 블랙 커피로 타 마시고, 매일 30분씩 운동도 해서 커피로 인해 찐 7kg의 살을 한 달도 되지 않아 다 뺐다.

**아세트알데히드**

아세트알데히드는 휘발성이 강하고 색깔이 없는 액체이다. 수은염을 촉매로 하여 묽은 황산과 아세틸렌에 물을 섞어서 만들며, 아세트산을 만드는 원료가 된다.

# 유통 기한 지난 물

물도 유통 기한이 따로 있을까요?

물로보지마 씨는 물에 대해서 많은 관심을 가지고 있고 연구도 하는 알아주는 물 애호가이다. 세상에서 제일 깨끗한 것은 물이며 사람이 제일 필요로 하는 것도 물이라고 주장하는 물로보지마 씨는 많은 책을 썼다. 《물 마시는 게 제일 쉬웠어요》《부자 물 가난한 물》이라는 책을 쓰면서 물을 하찮게 보는 경향이 있는 사람들의 인식을 바꾸려는 노력도 했다. 그런 물로보지마 씨이기에 항상 목이 마를 때는 물만 마셨다.

"물로보지마 씨는 뭐 드실래요?"

"나는 그냥 물 먹을게요."

자판기 앞에서 만난 동료 연구원이 커피를 뽑아 준다고 해도 물로보지마 씨는 한사코 거절하고 언제나 물만 마셨다. 그리고 회식 자리에서도 물로보지마 씨는 다른 사람들이 모두 술과 음료수를 마실 때 혼자 물만 마시면서 자리를 지켰다.

"물로보지마 씨는 또 물이네?"

"음료수보다 물이 맛있어요."

"참 독특하단 말이야."

유독 다른 음료수나 마실 것보다 물을 좋아하는 물로보지마 씨를 다른 사람들은 이상하게 여기면서도 워낙에 물을 좋아하는 사람이니까 가능하지 않겠냐며 웃어넘겼다. 그런 물로보지마 씨에게 물 말고 다른 관심사가 있다면 그것은 바로 웰빙이었다. 물에 관심을 가지면서 자연히 웰빙에도 관심이 쏠렸는데, 그래서 웰빙 동호회에 가입까지 했다.

"이번 웰빙 동호회 모임에서는 도보 순례를 하기로 했습니다!"

이 웰빙 동호회에서는 한 달에 한 번씩 모임을 가지는데 몸을 건강히 하는 웰빙에 관련된 활동을 하나씩 정해서 했다. 이번 달 활동은 깨끗한 공기를 마시고 운동을 하기 위해 시골 길을 따라서 걷는 도보 순례였다.

"도보 순례라, 기대되는데요."

"그럼요. 사람이 운동을 할 때만큼 물을 간절히 원할 때가 또 어디 있겠습니까?"

"역시 물로보지마 씨다운 생각이네요."

웰빙 동호회 사람들 사이에서도 물로보지마 씨의 물 사랑은 모르는 사람이 없을 정도로 대단했다. 이번에 도보 순례를 한다는 얘기를 들었을 때 물로보지마 씨는 이참에 물을 많이 마시도록 동호회 회원들에게 권해 봐야겠다고 생각했다. 오래 걸으면 당연히 물을 마시고 싶어 하게 될 것이고 그때를 맞춰 사람들이 물을 마시게 되면 물이 소중하다는 것을 느낄 것이라고 생각해서였다. 드디어 웰빙 동호회가 도보 순례를 가기로 한 날. 물로보지마 씨가 매고 있는 가방은 다른 사람의 배낭보다 더 무거워 보였다.

"물로보지마 씨 가방은 더 무거워 보이네요."

"물만 넣어왔어요. 사람들 넉넉히 먹을 물은 챙겨야지요."

"하하하. 역시 물선생이야."

배낭에는 물을 담은 생수 병만 가득했다. 어디서나 물을 빼먹지 않으니 회원들은 그를 물 선생이라고 불렀다. 물에 대해서는 물로보지마 씨를 따라갈 자가 없다고 지어 준 별명이었다. 웰빙동호회 회원들은 드디어 도보 순례를 시작했다. 정해진 시골길로 가는 행렬이 꽤나 길었다. 시간이 좀 지나자 따가운 햇볕과 오래 걸어서 숨이 차오르는 것 때문에 많은 사람들이 벌써 힘들어하고 있었다. 하지만 그 중에서 제일 바쁜 사람은 물로보지마 씨였다.

"이 물 좀 마시고 천천히 가자구."

"고맙네, 여기서 먹으니 물이 꿀맛이군."

"그렇지? 물이 원래 이렇게 맛있고 좋은 거라니깐. 앞으로 물에 대해서 다시 한 번 생각해 봐."

"그래야겠어. 물 없이는 못 살지."

오래 걸어서 힘들어하는 사람들에게 물을 건네주면서 물에 대해서 설명을 하느라고 물로보지마 씨는 아주 바빴다. 물에 대해서 다시 생각하게 될 이 순간을 놓칠 수가 없었기 때문이다. 그렇게 물로보지마 씨의 배낭에서 물통이 비워지고 결국 도보 순례 중반쯤에 물로보지마 씨의 배낭에는 물이 하나도 남지 않게 되었다. 정작 이제 슬슬 힘들어지는 물로보지마 씨가 마실 물이 없어진 것이었다.

"아, 목마른데 어떡하지?"

"이거라도 마실래요?"

"아니요. 음료수는 안 먹습니다."

원래부터 물만 먹고 생활했기 때문에 물로보지마 씨는 회원들이 권해도 음료수는 마시지 않았다. 그러나 물 없이 계속 걸으려니 입이 바짝바짝 마르고 목이 너무 말라서 도저히 계속 걸을 수가 없었다. 그래서 물로보지마 씨는 행렬이 마을에 들어설 때 가게에 들어가서 물을 사 먹기로 결정했다.

그리고 드디어 회원들은 무리지어 한 시골 마을에 들어갔다. 모두 이때 잠깐의 휴식을 취하기로 했다.

"여기 가게가 어디 있지? 물이 필요해!"

물로보지마 씨는 마을에 들어가자마자 가게를 찾아다녔다. 시골이라 그런지 가게가 눈에 쉽게 들어오지 않았는데, 마을 안쪽에 허름하게 유지되고 있는 슈퍼마켓을 겨우 발견할 수 있었다. 물로보지마 씨는 얼른 들어가서 냉장고에 보관 되어 있는 생수 통을 꺼냈다.

"심봤다! 아니, 물 봤다!"

물로보지마 씨는 물을 꺼내고 너무 기뻐서 소리쳤다. 그리고 평소 습관처럼 물의 제조 연월일을 찾아 봤다.

"이거 너무 오래됐잖아?"

기쁜 표정을 짓고 있던 물로보지마 씨는 제조 연월일을 확인하고 다시 표정이 어두워졌다. 그것을 눈치 챈 슈퍼마켓 주인 할머니가 물었다.

"청년 왜 그러는가, 물 먹고 싶다 하지 않았어?"

"네. 목은 마른데 이거 유통기한이 지난 물이잖아요."

물로보지마 씨는 생수통을 주인 할머니에게 내밀며 말했다. 그리고 그냥 돌아가려고 했지만 이렇게 오래된 물을 파는 것을 막아야 한다는 생각이 들었다. 그래야지 물에 대한 이미지가 안 좋아지는 것을 막을 수 있기 때문이었다.

"아니, 물이 유통 기한이 어디 있나? 물이면 변하지도 않는데."

주인 할머니는 물에 유통 기한이 있다고 말하는 물로보지마 씨를 보고 황당한 듯 말했다. 주인 할머니 생각에 물은 변하지 않으니 유통 기한이 있을 리가 없다고 생각했기 때문이다.

"그래도 이 물은 다른 사람에게도 팔면 안 돼요."

"허참! 유통 기한 그런 거 없다고 해도 계속 그러네!"

누구도 주장을 굽히지 않은 채 자신의 의견만을 말하던 두 사람은 결국 화학법정에 판결을 의뢰하기로 했다.

생수에 포함되어 있는 칼슘, 마그네슘 등의 미네랄을 비롯한 영양분 때문에 생수에 미생물이 생길 수 있습니다.

## 여기는 화학법정

**물에도 유통 기한이 있을까요?**
화학법정에서 알아봅시다.

 재판을 시작합니다. 원고 측 변론해 주세요.

 피고 측은 원고의 가게에 와서 생수를 사려고 했습니다. 하지만 원고의 가게에 있던 생수가 유통기한이 지났다는 이유로 생수를 사지 않으려 하였습니다. 헌데 그 뒤에 있던 사람들이 생수를 사러 들어왔다가 피고 측에서 유통기한이 지난 물이라고 하는 바람에 어느 누구도 생수를 사지 않았습니다. 혹시나 먹고 탈이 날까 겁이 났던 거지요. 하지만 물에 어떻게 유통 기한이 있을 수 있습니까? 그렇다면 수십 년, 수백 년을 흐르고 있는 계곡물이나 바닷물의 경우도 어떤 과정을 거쳐도 먹을 수가 없는 것이지 않습니까? 물에 유통 기한이 있다는 말은 어디서도 들어본 적이 없습니다. 잘못된 정보로 가게 손님을 없앤 피고 측에게 배상할 것을 요구합니다.

 피고 측 변론하세요.

 생수 제조업자인 생수팔아 씨를 증인으로 요청합니다.

피부가 매끈매끈한 40대 여성이 증인석으로 나왔다.

증인은 어떤 일을 하고 있습니까?

저는 생수 제조업에 종사하고 있습니다. 생수를 만들어 작은 가게나 마트에 팔고 있지요.

생수에도 유통 기한이 있다는 것이 사실입니까?

물론입니다. 일반적으로 판매되고 있는 생수들은 유통 기한이 약 1년 정도입니다. 이 1년이라는 기한은 뚜껑을 따지 않은 상태에서를 말하는 것이고요.

생수에도 유통 기한이 있군요. 그러면 생수의 뚜껑을 땄을 때는 유통 기한이 얼마나 되나요?

일단 뚜껑을 열면 하루나 이틀 사이에 모두 마시는 것이 좋아요. 그래야 세균이나 미생물에 의해 감염될 위험이 적죠.

어째서 생수에 세균이나 미생물이 있다는 거죠?

우리가 일상적으로 마시고 있는 생수는 100% 순수한 물이 아니에요. 칼슘, 마그네슘 등 미네랄을 포함한 영양분이 물속에 있지요. 이런 영양분 때문에 세균이나 미생물이 생길 수 있어요. 그러므로 가능하면 빠른 시일 내에 생수를 마시는 것이 좋아요. 조사에 따르면 상온에서 5일 동안 보관 시 60%, 10일 보관 시 80%의 제품에서 기준 허용치 이상의 세균이 나왔다고 하니까요.

그러면 하루 이틀 사이에 다 마셔야 하는군요?

물론 보관 방법에 따라 다를 수도 있어요. 가급적 높은 온도와

습도를 피한다면, 이를테면 냉장고나 그늘지고 서늘한 곳 등에 보관한다면 좀 더 오래 두고 먹을 수도 있습니다. 그렇지만 그것 또한 안심할 수는 없으니 가급적 빨리 먹는 것이 좋겠지요.

그렇군요. 그 밖에 또 알아두어야 할 것은 없습니까?

한 가지 더 덧붙이자면 정수기의 물이라 해도 일단 통에서 나온 상태라면 그 역시 가급적 빨리 마셔 주는 것이 건강을 위해서도 더 좋다는 것을 알아 두시는 게 좋을 것 같아요.

증언 감사합니다. 판사님, 증언에서 말했다시피 생수에도 유통 기한이 있다는 것이 사실입니다. 개봉하지 않았을 경우의 유통 기한은 1년인데, 피고가 원고의 가게에 갔을 때 생수는 이미 유통 기한이 지나 있었지요. 따라서 그것은 유통 기한이 지난 물이므로 마셨을 때 많은 세균이 포함되어 있을 수 있습니다. 몸에 해로울 수도 있지요. 그러므로 피고는 원고의 가게에서 유통 기한이 지난 생수를 보고 구매하지 않을 수 있습니다. 또한 그것을 뒤에 오는 다른 손님에게도 알려줄 수 있지요. 원고가 말한 대로 피고가 영업에 방해를 한 것이 아니라 건강에 해로울 수 있다는 점을 손님들에게 알려준 것입니다. 결론적으로

**미네랄**

미네랄은 생물의 몸을 구성하는 원소 중에서 탄수화물, 단백질, 지방을 제외한 무기 물질을 말하며, 주로 마그네슘, 칼륨, 칼슘과 같은 금속 물질을 말한다.

피고에게는 아무런 잘못이 없으며, 오히려 유통기한이 지난 상품을 판매하는 곳에 둔 원고에게 잘못이 있으므로 피고는 원고에게 피해를 보상할 의무가 없다는 것이 저희 측의 입장입니다.

판결하겠습니다. 피고 물로보지마 씨는 원고의 가게에서 생수를 사려 했으나 유통 기한이 지난 생수였기에 사지 않고 도로 나왔습니다. 생수에는 유통 기한이 없다는 원고의 말에 피고는 유통 기한이 지난 생수는 안심할 수 없다고 주장했습니다. 원고는 알지 못했으나 피고의 말대로 생수에도 유통 기한이 있고, 그 유통 기한이 지나면 수질 기준 허용치 이상의 일반세균이 발생할 수 있으므로 안전하지가 못합니다. 따라서 유통 기한이 지난 생수를 사지 않고 또 다른 사람들에게 그것을 알려 준 피고의 행동은 정당하지 못한 행동이 아니었으므로 원고의 피해에 대한 보상의 책임이 없다고 판단됩니다. 그러므로 피고는 어떠한 책임의 의무도 없으며, 원고는 가게에 진열되어 있는 유통 기한이 지난 생수를 진열장에서 뺄 것을 명령합니다.

재판이 끝난 후, 판결에 따라 주인 할머니는 유통 기한이 지난 생수를 진열대에서 뺐다. 물로보지마 씨 덕분에 생수에도 유통 기한이 있다는 것을 알게 된 동호회 회원들은 또다시 물로보지마 씨의 물 사랑에 놀라움을 금치 못했다.

# 오이 때문에 생긴 설사 소동

오이를 먹을 때 조심해야 할 것이 무엇일까요?

오이를 너무 좋아해서 하루 종일 오이를 입에 물고 다니는 김피클 씨가 있었다. 김피클 씨는 시원하고 맛있는 오이 맛에 반해서 식사를 할 때마다 오이장아찌, 오이무침 등을 해먹는 것은 물론 혹시 외식을 하게 되면 생오이를 꼭 챙겨서 나갈 정도였다.

"오이 없인 살 수 없어!"

김피클 씨는 왜 오이를 들고 다니냐는 사람들의 말에 한결같이 이렇게 말했다. 언젠가부터 김피클 씨에게 오이 없는 세상은 상상할 수도 없는 일이 되었다. 그래서 다른 사람들이 김피클 씨는 오이를 저렇게나 좋아하니 여자 친구가 안 생길 거라고 수군대기도 했다. 하지만 그런 김피클 씨에게도 기회는 왔다. 바로 김피클 씨가 단골인 〈생오이 음식점〉을 갔을 때였다.

"어머, 김피클 씨 또 오셨네요."

"그럼요. 매일 와도 또 먹고 싶은데요."

자주 오는 김피클 씨를 주인은 반갑게 맞아주었다. 〈생오이 음식점〉은 많은 생오이 요리가 중간에 놓여있고 뷔페식으로 접시에 자기가 담고 싶은 생오이 요리를 퍼 가고 싶은 만큼 퍼 가는 식이었다. 그래서 언제나 이 가게에는 사람들이 많았다. 그날 점심 시간에도 많은 사람들이 생오이 요리를 먹기 위해서 와 있었다.

"점심 시간이라 역시 사람들이 많네. 그럼 나도 오이를 먹어 볼까나?"

김피클 씨는 익숙하게 접시를 잡고 요리가 있는 쪽으로 갔다. 그리고 많은 사람들 사이에서 생오이를 퍼가려고 집게를 잡으려는 순간이었다. 그때 어떤 여자도 집게를 잡으려고 하다가 김피클 씨의 손을 잡아 버렸다.

"아, 죄송합니다. 먼저 퍼 가세요."

"아닙니다. 먼저 하세요."

손을 잡은 여자는 미안하다면서 먼저 퍼 가라고 했지만 김피클 씨는 사양하고 여자가 먼저 생오이를 가져가기를 기다리고 있었다. 그렇게 서로에게 양보하다가 아무도 생오이를 퍼가지 않자 둘은 서로를 보며 웃을 수밖에 없었다. 이것이 김피클 씨와 이야채 양의 첫 만남이었다. 이것을 계기로 두 사람은 같은 테이블에서 음식을 먹게 되었다.

"오이를 참 좋아하시나 봐요. 특히 어떤 요리 좋아하세요?"

"뭐니 뭐니 해도 역시 생오이가 가장 맛있죠. 그 다음으로는 오이소박이도 좋아합니다."

"어머, 저랑 똑같으시네요. 호호호."

"그런가요? 이런 우연이."

둘은 무슨 인연이라도 있는지 서로 좋아하는 것도 같았고 관심사도 같았다. 이야채 양도 대부분의 야채를 좋아하지만 오이를 가장 좋아했기 때문에 김피클 씨와는 말이 잘 통했다. 그렇게 그날 점심 식사가 끝나고 김피클 씨는 용기를 내어 이야채 양에게 말했다.

"저기 앞에 〈오이 마을〉이라는 새로운 식당이 생겼던데, 아세요?"

새로운 식당에 가 보자는 얘기였지만 사실 데이트 신청을 하는 것이었다.

"아, 거기요. 들어는 봤어요."

"우리 같이 한번 가 볼래요?"

"좋아요. 여기는 너무 자주 와서 새로운 오이 음식이 먹어 보고 싶었어요."

이야채 양도 김피클 씨가 마음에 들었기 때문에 새로운 음식점에 같이 가기로 했다. 첫 데이트를 하게 된 것이다. 며칠이 지난 후 김피클 씨와 이야채 양은 〈오이 마을〉이라는 새로운 식당에 가기 위해서 약속을 정해 만났다.

"새로운 오이 요리가 기대되는데요."

"저도요, 맛있다는 소문을 들어서 저도 기대되네요."

두 사람은 첫 데이트라 긴장되는 마음을 안고서 새로운 가게인 〈오이 마을〉에 들어갔다. 가게 안에는 온통 오이 그림과 사진으로 가득했다. 벽 한가득 오이 사진이 있고 테이블 위에도 오이 모양의 인형이 하나씩 놓여 있었다.

"어서 오세요. 뭐 드릴까요?"

테이블에 마주 보고 앉은 두 사람은 메뉴판을 보면서 무엇을 고를지 고민했다.

"그래도 처음으로 온 건데 생오이를 먹어 보는 게 어떨까요?"

"김피클 씨도 그 생각 하셨어요? 저도 똑같이 생각하고 있었는데."

"역시 우린 뭔가 통하나 봐요."

김피클 씨는 종업원에게 생오이를 시켰다. 두 사람은 유난히 잘 맞아서 오이가 오길 기다리는 동안에도 줄곧 화기애애한 분위기였다. 그리고 잠시 후 종업원은 오이가 담긴 접시를 들고 왔다.

"맛있게 드세요."

한 입에 먹기 좋게 잘린 오이가 놓여져 있었다. 다른 집보다 오이에 수분도 많아 보이고 맛깔스러워 보여서 두 사람은 오이를 보



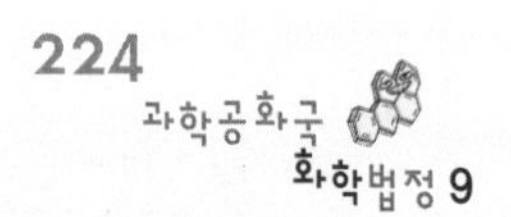

자마자 오이를 포크로 찍어 먹었다.

"역시 맛있는데요."

"정말 맛있네요. 김피클 씨 아니었으면 이 맛도 못 볼 뻔 했네요."

한 입, 한 입 오이를 먹자 결국 남은 것은 오이 꼭지가 있는 부분뿐이었다. 오이가 너무 맛있었기 때문에 김피클 씨는 오이 꼭지도 남기지 않으려고 했다. 그래서 김피클 씨가 오이 꼭지 부분을 먹으려고 포크를 꽂은 순간 이야채 양의 포크도 동시에 오이 꼭지에 꽂혔다. 이야채 양도 같은 생각이었던 것이다. 두 사람은 처음 만났을 때와 같은 상황에 서로를 보며 웃었다.

"우리 똑같이 나눠 먹읍시다."

김피클 씨는 오이 꼭지 부분을 정확히 반으로 나눴다. 그리고 한 쪽을 이야채 양에게 주고 남은 한 쪽을 김피클 씨가 먹었다. 두 사람은 이 상황이 웃겨서 웃으면서 오이 꼭지 부분을 나눠 먹었다. 그렇게 오이를 다 먹고서 김피클 씨와 이야채 양은 〈오이 마을〉을 나왔다.

"이렇게 헤어지기 아쉬운데 영화나 보러 갈까요? 요즘 〈스파이더 우먼〉이 인기라던데."

"좋지요. 보고 싶었던 영화인데."

"그럼 제가 영화…… 아! 배가 아프네……."

김피클 씨는 갑자기 슬슬 아파오는 배 때문에 이야채 양에게 하던 말을 중단했다. 김피클 씨가 두 손으로 배를 감싸면서 배가 아프다고 하자 이야채 양은 걱정이 돼서 괜찮으냐고 물었다. 하지만 곧 이야채 양의 배도 아파오기 시작했다.

"잠시 화장실 좀 다녀올게요."

"저도 가야겠어요."

두 사람은 화장실을 갔고 모두 설사로 고생을 했다. 그런데도 여전히 배가 아팠다.

"아무래도 우리 배탈이 났나 봐요."

결국 두 사람은 배탈이 났고 서로 화장실을 다녀오느라 정신이 없었다. 김피클 씨는 무엇 때문에 배탈이 났는지 생각해보았다. 하지만 둘이 같이 먹은 것은 아까 오이밖에 없었다. 그래서 김피클 씨는 아까 갔던 가게인 〈오이 마을〉에 들어갔다.

"아까 오셨던 분들 아니십니까?"

"아까 여기서 오이를 먹고 설사했어요."

"설사요? 저희 가게 음식 때문인 게 확실합니까?"

〈오이 마을〉 사장은 과연 그 배탈이 오이 때문에 난 것인지 궁금해 했다. 하지만 김피클 씨는 이 가게 오이 때문이라고 확신하고 있었다. 둘이 먹은 것은 여기 오이밖에 없었기 때문이었다.

"그럼요! 여기 오이 먹으러 온 게 첫 데이트였는데 배탈 때문에 첫 번째 데이트를 망쳤잖아요!"

김피클 씨는 이야채 양과의 첫 데이트를 망친 것에 화가 많이 났다. 그래서 배탈을 나게 한 오이를 판 〈오이 마을〉 가게를 고소했다.

오이 꼭지의 쿠쿠르비타신은 암세포를 억제하고 간염에도 효과가 있습니다.
그러나 오이 꼭지를 먹으면 자칫 설사나 복통을 일으킬 수 있으므로
조심해야 합니다.

## 오이를 먹으면 설사를 하나요?

화학법정에서 알아봅시다.

 재판을 시작하겠습니다. 원고 측 변론해 주세요.

 이번 사건은, 〈오이 마을〉 식당에 가서 오이 요리를 먹은 원고가 배탈이 나서 일어난 사건입니다. 이것은 필시 그 오이에 이상이 있기 때문에 일어난 일입니다. 평소 오이 요리를 좋아하던 원고는 항상 오이 요리를 먹었지만 단 한 번도 오이로 인해 배탈이 나거나 설사를 한 적이 없습니다. 그런데 피고의 식당에서 오이 요리를 먹은 후 배탈이 났습니다. 이는 〈오이 마을〉식당에서 상한 오이를 주었기 때문입니다. 그러므로 이상한 오이 요리를 판 식당 측에 배상을 할 것을 요구합니다.

 피고 측 변론하십시오.

 식품 영양 전문가인 영양박사 교수를 증인으로 요청합니다.

머리가 반쯤은 벗겨지고 반은 흰머리인 50대의 교수가 증인석으로 나왔다.

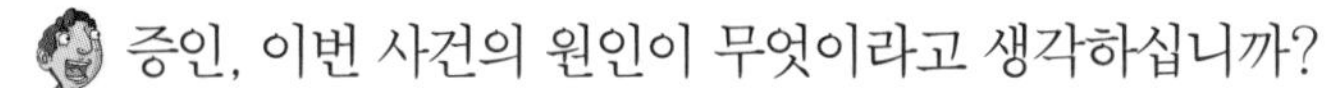
증인, 이번 사건의 원인이 무엇이라고 생각하십니까?

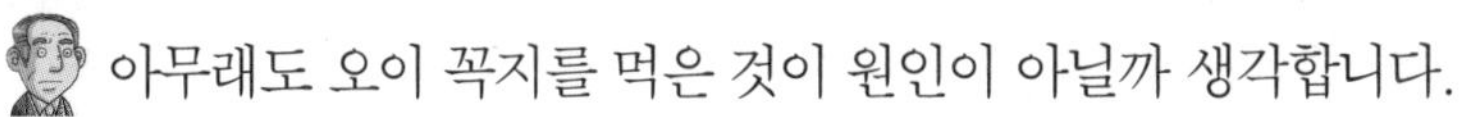
아무래도 오이 꼭지를 먹은 것이 원인이 아닐까 생각합니다.

오이 꼭지를 먹으면 배탈이 나나요?

꼭 그런 것은 아닙니다. 오이 꼭지에는 쿠쿠르비타신이 있습니다. 이것은 암세포를 억제하고 간염에도 효과를 보이죠. 그런데 이것은 쓴맛을 내기 때문에 오이 꼭지를 먹으면 입이 쓴 거예요. 이렇게 좋은 효과도 있지만 오이 꼭지를 먹으면 자칫 설사나 복통을 일으킬 수 있으므로 조심해야 합니다.

그렇군요. 그렇다면 오이 꼭지를 먹어서 설사를 한 것이군요? 증언 감사합니다. 판사님, 원고 측에서는 이번 사건이 오이 요리에 쓰인 오이가 상했기 때문에 원고가 피해를 받았다고 하지만 사실을 그렇지 않습니다. 원고가 배탈이 난 것은 오이의 꼭지를 먹었기 때문이며 보통 사람들은 오이의 꼭지를 잘 먹지 않는데 원고가 함부로 먹은 것이므로 피고 측에는 아무런 과실이 없습니다. 따라서 원고의 피해에 대해서 피고는 전혀 책임을 지지 않아도 된다고 생각합니다.

판결하겠습니다. 오이는 몸에 좋은 음식입니다. 그래서 많은 사람들이 즐겨먹는 야채이지요. 하지만 오이의 꼭지 부분은 설사나 복통이 있을 수 있으므로 주의해야 합니다. 이번 사건은 그것을 알지 못하고 오이의 꼭지 부분을 먹은 원고에게 잘못이 있는 것이며 피고에게는 책임이 없다고 사료됩니다. 따

라서 피고는 원고의 피해에 대한 보상의 책임이 없음을 판결합니다.

재판이 끝난 후, 오이 꼭지에 대해 새로운 사실을 알게 된 김피클 씨는 이후 함부로 오이 꼭지를 먹는 일 따위는 하지 않았다.

오이꼭지

오이꼭지 부분의 쓴 맛을 내는 성분 중에는 쿠쿠르비타신 A, B, C, D가 포함되어 있다. 쿠쿠르비타신 B는 간염을 치료하는 데 효과가 있다고 알려져 있으며, 쿠쿠르비타신 C는 암세포가 성장하는 것을 억제하는 데 효과가 있다고 한다. 그래서 이들 성분을 이용한 약 개발이 진행되고 있다.

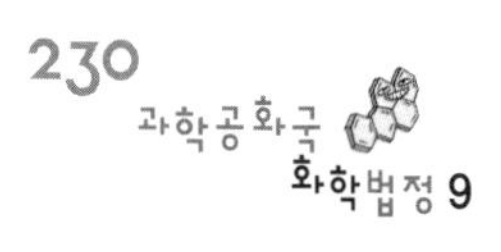

# 은수저와 독버섯

은수저로 독버섯을 가려낼 수 있을까요?

"오늘도 우리 버섯들 잘 보살펴 주고 왔소."

시골에서 버섯 재배를 하는 느타리 씨가 오후 내내 버섯들을 돌보고 집에 돌아왔다. 마침 그때 느타리 씨의 아내는 안방에서 텔레비전을 보던 중이었다.

"왔어요? 여기 텔레비전에서 재밌는 게 하네."

"아니, 텔레비전에 다니엘 헨니라도 나왔나. 어째 텔레비전에 빠져있어."

느타리 씨는 더운 여름이라 목에 두른 수건으로 얼굴에 있는 땀을 닦으며 아내가 있는 안방으로 들어갔다. 텔레비전에서는 한창 인기 있는 요리 프로그램 〈맛과 맛〉을 하고 있었다.

"여기 버섯 박사가 나와서 버섯 얘기를 해요."

"버섯 박사?"

버섯을 직접 키우는 느타리 씨는 텔레비전에 버섯 얘기가 나온다는 말에 텔레비전 앞에 바싹 다가가 앉았다. 마침 텔레비전에서는 진행자인 류시언 씨가 버섯 박사 장곰이 씨에게 독버섯을 구분하는 방법을 알려달라고 하던 참이었다.

"여러분, 독버섯을 눈으로는 구별하기가 힘드시죠? 우리 버섯 박사 장곰이 씨에게 독버섯을 구별하는 법을 알아봅시다."

진행자인 류시언 씨는 버섯과 독버섯이 담긴 바구니와 은수저 하나를 들고 오며 장곰이 씨에게 어떻게 구별하는지 물었다. 그러자 장곰이 씨가 마치 시력 검사를 하듯이 은수저로 눈을 가리면서 말했다.

"그것이 이 은수저 하나만 믿으면 됩니다."

방청객들이 놀라워하며 소리를 내었고 진행자도 놀랍다는 듯이 소리쳤다.

"아니, 이 은수저로요? 어떻게?"

"그것은 은수저가 독버섯을 구별할 수 있어서 말한 것인데 어찌 그럴 수 있느냐고 물으시면 저는 그냥 은수저가 독버섯을 구별할 수 있다고 밖에 말씀드릴 수……."

"아. 네네, 알겠습니다. 제가 듣기로는 독버섯을 이 은수저에 올



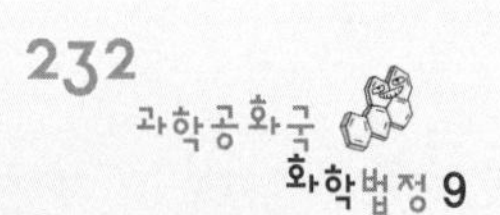

리면 은수저의 색깔이 변한다고 알고 있는데요."

"네, 맞습니다. 바로 그것입니다."

장곰이 씨의 예상하지 못한 대답에 진행자 류시언 씨가 직접 은수저로 독버섯을 구별하는 방법을 이야기했고, 실제로 은수저로 독버섯을 뜨니 색깔이 변했다. 수저 색깔이 변한 게 화면에 비춰지자 방청객들은 물론 집에서 보고 있던 느타리 씨도 깜짝 놀랐다.

"저번에 저 밑에 김송이 댁, 독버섯 잘못 먹어서 입원했던 거 알죠?"

느타리 씨의 아내도 놀라워하며 전에 있었던 일이 생각나 느타리 씨에게 말했다.

"아무렴, 알고말고. 그것 때문에 멀쩡한 버섯 농사 때려치우고 배추 농사하잖아. 그때 저 은 숟가락만 있었으면 됐을 텐데."

"그러게 말이에요. 아, 이참에 우리도 버섯 전골이나 해 먹을까요?"

"버섯 전골? 그래, 한 번 해 먹지! 이제 독버섯 걱정도 없으니 말이야!"

느타리 씨와 아내는 버섯 얘기가 나온 김에 저녁에 버섯 전골을 먹기로 결정했다. 이 시골 마을에는 버섯 재배를 하는 곳이 많았기 때문에 버섯을 다 재배하고 나면 동네 사람들끼리 서로 버섯을 주고받는 일이 빈번해서 느타리 씨 집에는 여러 종류의 버섯들이 있었다.

"마침 반찬도 없었는데 잘 됐네요. 얼큰하니 맛있게 끓여 올게요."

느타리 씨의 아내는 당장 부엌으로 가서 여러 집에서 받은 버섯들을 손질했다. 저번에 김송이 댁이 독버섯을 먹고 입원했다는 소식을 들은 이후로 선불리 버섯을 먹지 못하고 있던 터라 이번에 정말 오랜만에 버섯 전골을 해먹는 것이었다. 냄비에 육수를 만들어 여러 버섯을 넣고 파송송 계란팍 넣어 군침 도는 버섯 전골을 뚝딱 만들어냈다. 그리고 한 상을 차려 방에 가져왔다.

"우와, 최고야. 보기만 해도 정말 먹음직스럽네."

"제가 한요리 하지요. 오호호, 어서 드셔 보세요."

느타리 씨도 오랜만에 버섯 전골을 먹는 것에 기분이 좋은지 엄지손가락을 치켜 올리며 아내의 요리 솜씨를 칭찬했다. 그리고 아내가 막 버섯을 꺼내 먹으려고 할 때, 느타리 씨는 제일 중요한 은숟가락으로 독버섯인지를 확인해 보는 것을 잊지 않았다.

"잠깐, 벌써 먹으면 안 되지."

"아, 맞다. 확인해 봐야 하죠?"

느타리 씨는 은 숟가락에 붙은 밥풀을 떼어먹고 버섯 전골에 있는 버섯을 숟가락으로 퍼냈다. 숟가락 위에 버섯을 올렸는데도 숟가락의 색깔은 변하지 않았다.

"색깔 안 변했지? 이제 먹자!"

느타리 씨는 은 숟가락의 색깔이 변하지 않자 당장 떴던 버섯을 그대로 입안에 넣었다. 그리고 버섯의 맛을 음미하기 위해 이리저리 씹어서 삼켰다. 버섯이 씹힐 때마다 육수가 흘러나오는 게 둘이 먹다가 하나가 죽어도 모를 맛이라고 생각했다.

"역시 버섯 전골은…… 아이고!"

그때였다. 느타리 씨가 버섯을 하나 삼키고 나서 맛을 칭찬하려고 할 때 갑자기 느타리 씨의 배가 아파 오기 시작했다.

"아이고! 배야! 아이고! 나 죽네!"

느타리 씨 부인은 아파서 방을 구르는 느타리 씨를 보고 놀라서 119에 전화를 했다. 그리고 남편을 붙잡고 이게 혹시 독버섯 때문에 그런 게 아닌가 걱정이 되어서 물었다.

"혹시 이거 독버섯인거 아니에요?"

"아이고 배야! 은 숟가락이 멀쩡했는데 왜 이러지?"

몇 분 후 119 대원들이 와서 얼른 느타리 씨를 가까이에 있는 병원으로 데리고 갔다. 몇 개의 검사를 마친 후 느타리 씨의 부인은 의사에게 느타리 씨가 아픈 이유가 독버섯을 먹어서라는 말을 들었다.

"네? 정말 독버섯 때문인가요?"

"네, 그렇습니다. 조금만 늦게 오셨어도 큰일 날 뻔 했습니다. 다행히 며칠만 입원하면 됩니다. 그리고 앞으로는 독버섯 조심해 주시구요."

느타리 씨의 아내는 병실에 누워있는 느타리 씨에게 이 사실을 알렸다.

"어휴, 우리도 이제 배추 농사 해야겠네요."

"아니, 우리 은 숟가락이 멀쩡했잖아! 당신도 봤지?"

"그럼요. 분명 숟가락 색깔은 안 변했죠."

"이거 장곰이인가 뭔가 하는 박사 말이 틀린 거야?"

"아무리 그래도 박사님인데……."

"아니야, 이게 다 그 박사 때문이야! 그 박사 말만 듣다가 이렇게 병원 신세까지 지게 됐어!"

느타리 씨는 잘못된 정보를 알려 준 장금이 박사를 화학법정에 고소하기로 했다.

은은 비소에 반응해서 검게 변하기 때문에 과거에 흔한 독약이었던
비소와 황의 화합물인 비상을 검출하는 데는 효과가 있지만
독버섯의 독을 검출하지는 못합니다.

**은수저가 독버섯 앞에선 무용지물일까요?**

화학법정에서 알아봅시다.

 재판을 시작하겠습니다. 피고 측 변론하세요.

 원고는 독버섯으로 전골을 해서 먹은 후 탈이 났습니다. 그리고 그 피해를 피고에게 보상하라고 요구하고 있습니다. 원래 옛날부터 은수저는 독을 검출하는데 사용되었습니다. 검증된 방법이지요. 때문에 피고는 독버섯을 확인할 때 은수저를 사용한 것입니다. 분명 은수저를 사용하면 독버섯의 독뿐만 아니라 모든 독이 들어있는 것들을 검출할 수 있습니다. 전골을 할 때 어떻게 검사를 했는지는 모르겠지만, 제대로 검사해 보지도 않고 먹은 원고 측의 잘못이지 피고 측에는 어떠한 책임도 없음을 주장합니다.

 원고 측 변론하세요.

 이번 사건에 도움을 줄 사람으로 버섯마니아인 버섯이좋아 씨를 증인으로 요청합니다.

바가지 머리를 한 20대 초반의 한 남성이 증인석으로 나왔다.

증인은 버섯 마니아니까 버섯에 대해 많이 알겠군요?

그렇습니다. 버섯에 대해서는 거의 다 안다고 보시면 됩니다.

버섯이 독버섯인지 아닌지를 알아볼 때 은수저를 사용하는 것이 맞습니까?

절대 아닙니다. 누가 독버섯을 은수저로 가려낼 수 있답니까?

은수저로는 독버섯임을 확인할 수 없군요. 독을 검출할 때 은수저를 쓰는데 왜 독버섯에는 쓰이지 않는 것입니까?

독버섯에 들어있는 독은 은수저로 검출할 수 있는 독이 아니니까요.

좀 더 자세히 설명해 주시죠.

독을 검출할 때 은을 사용하는 것은 맞습니다. 은은 여러 가지 성분들, 특히 질산이나 황산, 오존 등과 만나면 화학 반응을 일으키며 검게 변하기 때문이죠. 특히나 비소에 빨리 반응을 해서 옛날에는 은수저가 독을 검출하는 물건으로 각광을 받았죠. 하지만 옛날의 독약이라고 하는 것은 일명 '비상'이라는, 비소와 황의 화합물이 대부분이었어요. 그러니 비소에 잘 반응하는 은수저가 요긴하게 쓰일 수 있었던 거죠. 그러나 독버섯 앞에서 은수저는 별 소용이 없어요. 독버섯은 은수저가 반응하는 오존이나 질산, 황산 등을 갖고 있지 않으니까요. 제아무리 은수저라고 해도 반응하는 독이 아닌데 어떻게 알아내겠어요?

그렇군요. 그렇다면 경우에 따라서는 은이 별 효과가 없다는 말이군요?

그렇죠. 그렇지만 요즈음에는 은수저뿐만 아니라 은을 이용한 다양한 제품들이 출시되고 있어요. 특히 은을 이용한 액세서리 등은 여성들 사이에서 큰 인기를 유지하고 있다더군요. 들리는 소문에 의하면 은을 이용한 액세서리를 몸에 착용했을 때 색이 검어지는 변화를 보이면 몸에 이상이 있는 거라네요. 일종의 건강 진단기로도 사용하고 있는 셈이죠. 독버섯에는 별 효과가 없지만 그 외에는 여전히 좋은 효과가 있다고 봐야겠죠?

네, 좋은 정보 감사합니다. 판사님, 이상에서 보셨듯이 독버섯을 검출하는 데는 은수저가 전혀 도움이 되지 않습니다. 은수저로는 판단할 수가 없지요. 그런데 피고는 방송에 나와 은수저로 독버섯을 검출한다고 하는 바람에 그 방송을 본 원고 측이 피해를 입게 된 것이지요. 방송이란 사실만을 말해야 하는 것인데, 확실하지도 않은 정보를 알려 주는 바람에 피해를 입었으니 피고는 원고에게 피해를 보상할 책임이 있다고 봅니다. 따라서 원고의 피해를 전부 배상할 것을 요청합니다.

판결하겠습니다. 예전부터 은수저는 독을 검출하는 데 많이 사용하였습니다. 하지만 은수저는 질산이나 황산, 오존 등을 만나 화학 반응을 일으키는 것인데 그것이 독버섯에는 해당

되지 않으므로 설사 독버섯이라 하더라도 독이 들었는지 아닌지 알 수가 없습니다. 그런데 방송에 나와 은수저로 독버섯을 가려낼 수 있는 것처럼 말한 피고는 그 죄가 있다고 생각합니다. 따라서 피고는 원고 측이 받은 피해를 모두 배상할 것을 판결합니다.

재판이 끝난 후, 장곰이 씨는 느타리 씨 부부에게 피해를 보상했고, 그 다음 주 다시 〈맛과 맛〉에 나와 독버섯을 확인하는 데 은수저는 도움이 되지 않음을 말했다. 그 후 장곰이 박사는 더욱더 버섯 연구에 매진했다.

은은 원소기호로 Ag라고 쓰며 원자번호는 47번이다. 은의 성질은 무르고 흰색을 띠며 광택이 있는 금속으로 전기와 열을 잘 전달한다.

# 신 김치에 침 흘리는 남자 친구

신 음식을 보면 침이 나오는 이유는 무엇일까요?

마음 한구석에 여전히 요리사의 꿈을 가지고 있는 희룡 씨가 있었다. 희룡 씨는 국가에서 인정하는 특급요리사가 되는 것이 어릴 때부터의 꿈이었다. 그러나 남자가 요리사를 한다는 것은 말도 안된다며 반대하셨던 아버지 때문에 희룡 씨는 지금 한 회사의 그래픽 관련 부서에서 일하고 있었다. 하지만 그 꿈을 버릴 수가 없었다.

"사장님, 저 일 그만 두겠습니다."

희룡 씨는 큰 결단을 내리고 결국 사장실에 가서 사직서를 냈다. 실업난에 직업 구하기가 하늘의 별따기인 요즘 이렇게 사직서를 내려 온 히룡 씨가 사장은 이상해 보일 수밖에 없었다.

"아니, 히룡 씨! 갑자기 왜 이러는 거야?"

"옛날부터 꿈꿔온 요리사라는 꿈을 버릴 수가 없습니다. 죄송합니다."

"옛날부터 간직해온 꿈이라."

사장은 잠시 생각에 잠기더니 얼굴에 웃음을 띠면서 부드럽게 말했다.

"부디 가서 꼭 요리사로서 성공하길 바라네."

이렇게 해서 결국 히룡 씨는 자신이 다니던 회사를 그만두고 요리사의 꿈을 실현시키기로 했다. 그리고 히룡 씨의 여자 친구 유란도 히룡 씨의 결정에 적극 찬성했다.

"자신의 진짜 꿈을 실현시키는 것이 옳다고 생각해!"

"유란, 고마워!"

여자 친구 유란이 멀쩡한 직장을 나왔다고 화를 내진 않을까 걱정했는데, 오히려 잘했다며 격려해 주자 히룡 씨는 유란이 고마웠고 큰 힘을 얻은 것 같았다. 그리고 그를 위해 유란이 준비한 선물이 있었다.

"내가 주는 선물이야."

유란이 건넨 봉투 안에는 전국적으로 열리는 음식 전시회 초대권이 있었다. 요리를 시작한다고 하는 히룡을 위해서 유란이 특별히 준비한 것이었다.

"고마워. 이 표 구하기 힘들었을 텐데."

"요리사가 되기 위해서는 먼저 다양하고 맛있는 요리를 봐야지. 그래서 준비한 거야."

평소 꼭 가고 싶었지만 주로 유명한 요리사들만 가는 거라 표를 구하기가 어려워 직접 가보지 못했던 곳이었다. 히룡은 그 표를 유란이 줬다는 것에 더 기뻐하며 이 음식 전시회에 유란과 꼭 같이 가기로 했다. 그리고 드디어 음식 전시회에 가는 날이 되었다.

"벌써부터 기대되는걸!"

음식 전시회가 열리는 큰 빌딩 앞에서 히룡은 들뜬 마음을 감출 수가 없었다. 그리고 유란과 함께 음식 전시회장에 들어섰다. 큰 빌딩 안에는 긴 탁자가 줄지어 있었고 그 위에는 각양각색의 음식들이 종류별로 놓여 있었다.

"우와! 음식들이 정말 많구나!"

히룡과 유란은 찬찬히 음식을 살펴보기로 했다. 여기 진열되어 있는 음식은 시식해 볼 수 없었기 때문에 맛있게 보이는 음식을 보면서 침만 삼킬 수밖에 없었다. 음식은 나라별, 종류별로 나뉘어져 있었다.

"우와, 이 바다가재 정말 맛있어 보인다. 그지?"

"나는 저기 있는 중국식 만두가 맛있어 보이는데?"

둘은 탁자 위에 놓여 있는 맛깔스럽게 생긴 음식들에 대해서 이야기를 주고받았다. 그리고 서양의 음식을 모두 보고 난 후에 반대편 아시아 음식이 놓여 있는 탁자 쪽으로 갔다. 제일 처음에 있는 탁


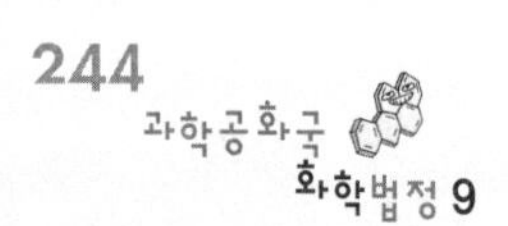

자에는 한국 음식들이 놓여 있었는데 대부분 다양한 형태의 김치였다. 흰 배추에 빨간 고춧가루와 함께 굴, 오징어까지 곁들여진 기본 배추김치부터 한 입 물면 아삭 소리가 날 것 같은 잘 익은 총각김치까지 여러 김치들이 모습을 뽐내고 있었다.

"우와, 역시 뭐니 뭐니 해도 김치가 제일 맛있어 보이네."

히룡이 주로 한국 요리에 관심을 가지고 있는 터라 김치가 있는 곳을 떠날 생각을 않고 김치들을 자세히 보기 시작했다. 하지만 김치들이 너무 잘 익어 김치 가까이에 가기만 해도 신 김치 냄새가 나서, 평소 깔끔한 성격으로 냄새나는 음식은 잘 먹지 않는 유란은 어서 이 자리를 뜨고 싶어 했다.

"우리 저기 프랑스 음식 쪽으로 가보자."

"여기 오이소박이 좀 봐! 색깔도 그렇고 너무 잘 익었지?"

아직도 김치에 푹 빠져있는 히룡은 유란의 말을 듣지도 못한 채 계속 김치 구경만 하고 있었다. 그런데 그때 히룡의 입에서 자신도 모르게 침이 흘렀다. 침은 히룡의 턱을 타고 흘렀고 그 모습을 유란이 보고 말았다.

"어머, 자기 지금 침 흘렸어."

자신이 침 흘리는 것도 모른 채 열심히 김치를 보고 있는 히룡에게 유란이 직접 침을 흘렸다고 알려 줬다. 히룡은 당황하며 얼른 소매로 침을 닦았다.

"침이 왜 흘렀지?"

평소 깔끔한 성격의 유란은 히룡이 침 흘리는 모습을 보자 히룡에 대한 좋은 감정이 싹 사라지는 것 같았다. 요즘은 초등학생도 침을 안 흘리는데 다 큰 남자가 침을 흘렸다는 것에 기가 막힌 것이다. 둘은 나머지 탁자를 구경하고 드디어 빌딩에서 나왔다.

"유란아, 고마워. 덕분에 많은 요리들을 볼 수 있었어."

히룡은 고마움을 전하기 위해서 유란에게 저녁을 사 주려고 했다. 그러나 유란의 입에서 뜻밖의 말이 나왔다.

"우리 헤어져."

너무 갑작스러운 말에 히룡은 아무 말도 못하고 유란을 멍하니 보고 있었다. 같이 음식 전시회장에서 음식을 구경하고 나와서 이별 통보라니, 당황할 수밖에 없었다.

"갑자기 왜 그래?"

"아까 김치 보면서 침 흘리는거 보니깐 지저분해서 더 이상 못 사귀겠어. 헤어져."

히룡은 아까 신 김치 앞에서 침 흘린 것을 생각해 냈다. 그렇게 유란은 히룡의 말을 들어 보지도 않고 택시를 타고 가 버렸다. 혼자 남은 히룡은 멍하니 서 있다가 자신을 침 흘리게 한 전시회가 생각났다.

"이게 다 전시회장에 갔기 때문이야. 거기 가지만 않았어도 침도 안 흘렸을 거고, 유란과 헤어지는 일도 없었을 텐데."

히룡은 슬퍼하기 전에 전시회에 화가 났고 결국 전시회 주최 측을 화학법정에 고소하기에 이르렀다.


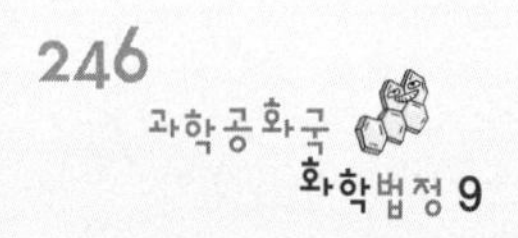

신 음식을 보기만 해도 침이 흐르는 것은 자연스러운 일이며,
어른의 경우 하루에 1리터 정도의 침이 나옵니다.

신 음식을 보면 침이 흐를까요?

화학법정에서 알아봅시다.

 재판을 시작합니다. 피고 측 변론하세요.

 원고는 여자 친구와 함께 피고 측에서 주최한 행사인 음식 전시회에 참석했습니다. 그리고 그 음식 전시회를 즐겁게 둘러보고 있었습니다. 그러던 중 한국 음식 전시관에서 넋을 잃었고 음식이 너무 맛있게 보여서 군침이 돌았습니다. 그러다가 결국 참지 못하고 침을 흘렸고, 그 모습을 본 원고의 여자 친구는 결별을 선언했습니다. 이는 원고가 한국 음식에서 눈을 떼지 못하고 맛있게 생각했던 탓이지 원고가 침을 흘린 것을 음식의 탓으로 돌린다는 것은 말이 안 됩니다. 그렇다면 전시회장에 온 모든 남성들이 침을 흘리고 결별을 통보받았겠습니까? 그 책임을 피고에게 전가시킨다는 것은 부당합니다. 따라서 피고 측은 원고의 피해에 대한 책임을 질 수 없음을 주장합니다.

 원고 측 변론하세요.

 한식 전문가인 완소김치 씨를 증인으로 요청합니다.

양 광대가 툭 튀어나오고 얼굴이 동글동글한 30대 남성

이 증인석으로 나왔다.

증인은 무슨 일을 하십니까?

저는 이번 전시회에서 한식 요리의 요리 담당이었습니다.

원고의 말에 따르면 신 음식을 보게 되면 침이 흐르게 된다는데 사실입니까?

사실입니다.

왜 그렇습니까?

신 김치라면 글자만 보고 있어도 침이 솟는다는 사람이 있습니다. 신 음식을 보거나 상상만 해도 침이 솟는 것은 조건반사이지요.

그렇군요.

이때 나오는 침은 건강에 매우 좋은 침입니다. 일반적으로 어른의 경우 하루 1리터 정도의 침이 나와요. 침은 주로 물이지만 그 속에는 무틴, 요소, 아미노산, 나트륨, 칼륨, 칼슘 등과 같은 물질과 여러 종류의 소화효소가 들어있지요. 이 성분들은 사람의 몸에 아주 좋은 기능을 합니다. 예를 들어, 침샘에서 분비되는 염화나트륨은 침에 포함된 아밀라아제의 활동을 활발하게 하는데 아밀라아제는 녹말을 분해하는 아주 중요한 소화효소이지요. 그러므로 침이 나오는 것은 건강에 좋은 일입니다.

침을 흘리는 것이 건강을 위해 좋다니요?

침을 흘리는 것이 도움이 되는지는 모르겠지만 침이 많이 나오는 것은 건강에 좋지요. 그런 까닭에 신 음식은 직접 맛을 보지 않고 그냥 보기만 해도 몸에 좋답니다.

증언 감사합니다. 판사님, 증인의 증언에서도 알 수 있듯이 원고가 침을 흘리게 된 것은 피고 측의 음식 전시회장에 전시되어 있던 신 음식 때문이지요. 신 음식을 보았기 때문에 반사적으로 침이 흐르게 된 것입니다. 따라서 침을 흘리는 모습에 결별을 통보받은 원고의 피해에는 피고 측의 음식이 원인이 된 것으로 보입니다. 따라서 피고는 원고의 피해에 대해 보상을 할 것을 요구합니다.

판결합니다. 원고는 피고의 전시회장에서 침을 흘리는 바람에 함께 갔던 여자 친구와 이별하게 되었습니다. 이는 전시회장에 있던 신 맛의 음식이 원인이 된 것으로 생각되므로, 원고의 요구대로 피고가 원고의 피해를 보상하는 것이 마땅합니다. 허나 원고의 피해를 보상할 수 있는 방법이 마땅치 않으므로 피고는 원고가 침을 흘리게 만든 김치를 무료로 줄 것을 판결합니다.

재판 후, 히룡 씨는 전시회장에서 준 맛있는 신 김치를 먹으며 유란에 대한 그리움을 지우려 노력했다고 한다.

### 침샘

침샘은 침을 만드는 곳으로 혀밑샘, 턱밑샘과 귀밑샘이 있다. 침의 끈적거리는 성분은 음식물을 부드럽게 하며 프티알린이라는 소화효소가 있어 전분을 분해하는 역할을 한다.

# 장어 VS 복숭아

장어와 복숭아를 함께 먹으면 어떻게 될까요?

사람들이 많이 다니는 시내 한복판에 〈버터 장어요리 전문점〉이 있었다. 사람들이 많은 길목에 위치했는데도 불구하고 정작 이 요리 전문점에 들어오는 사람은 몇 사람 없었다. 그 이유는 겉으로 보기에는 넓은 평수와 멋스러운 인테리어까지 완벽해 보였지만 정작 중요한 장어요리가 맛이 없었기 때문이었다. 모두들 구워진 장어 한 입을 먹으면 바로 젓가락을 놓으며 말했다.

"이거 왜 이렇게 느끼해?"

"장어가 비린내도 나고, 도저히 못 먹겠어!"

결국 손님들은 장어 한 입을 먹자마자 불평을 하며 나가기 일쑤였다. 〈버터 장어 요리 전문점〉의 주인인 성시경 씨는 겨우 들어온 손님들이 나가는 것을 보며 속상해 했다. 나름 개발해서 만든 버터 장어 요리인데, 이것마저 손님들이 싫어하니 어깨에 힘이 빠지게 되는 건 당연했다.

"장어가 많이 느끼하다는데 어떡하지?"

성시경 씨는 손님들이 남긴 장어 요리들을 치우면서 주방을 담당하고 있는 아내에게 말했다. 이 요리 전문점을 계속 이어 나가려면 장어 요리를 느끼하지 않게 하기 위한 방법을 생각해야만 했다.

"그러게요, 느끼하지 않고 담백하게 만들 수 있는 방법을 생각해 봐야겠어요."

"담백하게?"

성시경 씨는 치우던 접시를 놓고 바닥에 앉아 곰곰이 생각했다. 어차피 손님들이 들어오지 않을 것이기 때문에 늦게 치워도 상관은 없었다.

"담백하게라, 뭔가 느끼한 것을 없앨 수 있는 상큼한 것……."

손으로 턱을 괴고 혼잣말을 중얼거리면서 생각하던 성시경 씨는 무언가 떠올랐는지 벌떡 일어났다.

"그래! 여보! 우리 느끼함을 없앨 수 있게 상큼한 과일과 장어를 내놓으면 어떨까요?"

"과일이요?"


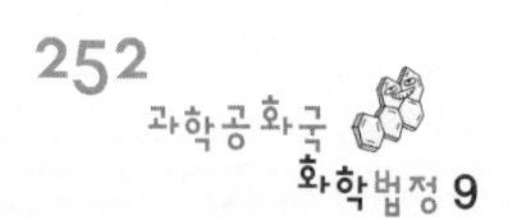

주방에 있던 아내도 좋은 아이디어라고 생각했는지 웃으며 대답했다. 느끼할 수도 있는 장어를 한 입 먹고 과일을 곁들여 먹으면 과일의 상큼한 맛 때문에 장어의 느끼함이 덜 느껴질 거라는 생각이었다.

"그런데, 어떤 과일로 하죠?"

아내는 남편 성시경 씨에게 다시 물었다. 성시경 씨도 아직 거기까지는 생각하지 못하고 있었는지 다시 고민에 빠졌는데, 딱히 생각나는 과일이 없었다.

"글쎄, 어떤 과일이라도 다 상큼하니 괜찮은 것 같은데. 그냥 우리가 좋아하는 복숭아로 합시다!"

이렇게 해서 성시경 씨와 아내는 장어 요리와 함께 그들이 좋아하는 복숭아를 내놓기로 하고 가게 이름부터 〈장어가 복숭아를 만났을 때〉라고 바꾸었다. 그래서 새롭게 장어 요리 전문점을 시작했다. 새로 간판을 걸고, 색다른 이름 때문인지 손님들이 많이 들어오기 시작했다. 그 중에서는 새로 생긴 음식점은 다 가 보는 마식가 씨네 가족도 있었다.

"저기 장어 가게가 새로 생겼나 봐요."

"그러게, 나도 처음 보는 이름이야. 우리 오늘 저녁 외식 장소는 저기로 할까?"

"그래요! 장어와 복숭아의 만남이라니, 맛이 궁금해요!"

저녁 시간이 되자 더 사람들이 모여 모든 테이블이 다 찰 정도였다. 이렇게 바쁜 적은 성시경 씨가 가게를 시작하고 처음이기 때문에 힘들어 하면서도 기쁜 미소를 감출 수가 없었다. 그때 마식가 씨네 가족이 들어왔다.

"어서 오세요! 여기 주 메뉴인 '장어와 복숭아의 만남' 을 드셔 보세요!"

"그럼 그걸로 주세요."

마식가 씨는 이 가게의 주 메뉴를 먹기로 했다. 어떤 가게든지, 가게에서 자신있게 내놓는 음식을 먹어 봐야 진정한 맛을 확인할 수 있다는 것이 마식가 씨의 음식 철학이었다. 주문이 밀려서인지 조금의 시간이 지나서야 복숭아가 곁들여진 장어 요리가 나왔다.

"아, 이래서 장어와 복숭아의 만남이구나."

마식가 씨는 장어 사이드에 예쁘게 깎은 복숭아가 놓인 요리를 보면서 감탄의 말을 꺼냈다. 그리고 주인인 성시경 씨의 말대로 복숭아 한 개를 장어 위에 올려 같이 입으로 넣었다.

"하나도 느끼하지가 않아!"

한 입 가득 넣은 입을 오물오물 거리며 놀랍다는 듯이 말했다. 그리고 마식가 씨의 아내도 한 입을 먹고 같이 말했다.

"정말 복숭아 향이 장어의 느끼한 맛을 없애 주는 것 같아요."

이렇게 칭찬을 아끼지 않으며 마식가 씨네 가족은 장어 요리 한 접시를 다 먹었다. 그리고 산처럼 부른 배를 잡고서 집으로 돌아왔다.

"이렇게 맛있는 장어 요리를 먹어본 게 얼마만인지 몰라."

집으로 돌아온 마식가 씨는 소파에 앉아 맛있는 장어요리를 다시 한 번 떠올리고 있었다. 그런데 그때 마식가 씨의 배가 살짝 아파 오기 시작했다.

"아, 배가 왜 아프지?"

마식가 씨는 꾸르륵 소리를 내며 점점 아파 오는 배를 잡고서 화장실로 달려갔다. 그런데 그때 마식가 씨의 아내도 배가 아프다며 마식가 씨에게 말했다.

"여보! 아직 멀었어요? 나도 배가 아프단 말이에요."

아내도 배가 많이 아픈지 화장실 문을 두드리며 마식가 씨를 재촉했다. 결국 마식가 씨가 나오고 아내도 화장실로 달려갔다. 두 사람 모두 배탈이 난 것이었다.

"여보, 우리가 오늘 배탈날 만한 음식을 먹었나요?"

아내가 아직도 아프다는 듯이 배를 잡고 말했다. 둘은 곰곰이 생각하다가 오늘 먹은 장어 요리가 떠올랐다.

"아! 그렇지, 장어 요리를 먹었잖아!"

"그러네요. 장어 말고는 오늘 다 집에서 먹었으니, 이건 분명히 장어 요리 때문이에요!"

마식가 씨와 아내는 배탈이 난 이유가 장어 요리 때문이라고 생각하고 당장 〈장어가 복숭아를 만났을 때〉 가게를 찾아갔다. 그런데 가게에 들어서자마자 마식가 씨와 같은 이유로 찾아 온 사람들로 북새통을 이루고 있는 것을 볼 수 있었다.

"장어 때문에 배탈이 났어요! 도대체 어떻게 장어 요리를 만든 거예요!"

"저희는 오늘 들어온 장어로만 요리를 합니다! 저희 가게는 항상 깨끗하게 요리를 하고 있어요!"

모여든 많은 사람들을 진정시키려고 가게 주인인 성시경 씨가 해명에 나섰다. 하지만 그 소리는 사람들의 귀에 잘 들어오지 않는 듯 했다.

"배탈난거 책임지세요! 그렇게 할 수 없다면 이 가게를 고소하겠어요!"

잘못이 없다는 성시경 씨의 말에 결국 마식가 씨를 포함한 여러 사람들이 화학법정에 성시경 씨네 가게를 고소했다.

장어는 장에 부담을 줘서 설사가 생기게 할 수 있고,
복숭아는 유기산을 포함하고 있어서 장을 자극할 수 있으므로
두 가지 음식을 한꺼번에 먹으면 장에 탈이 날 수 있습니다.

**장어와 복숭아는 상극일까요?**

화학법정에서 알아봅시다.

 재판을 시작하겠습니다. 피고 측 먼저 변론해 주십시오.

 피고는 장어 가게를 운영하고 있습니다. 그리고 얼마 전 가게의 주 메뉴를 바꾸면서 장어와 복숭아를 함께 메뉴에 올렸지요. 새로 바뀐 가게에 손님들이 많이 찾아오게 되었습니다. 새로운 메뉴를 가지고 영업하는 첫날이라서 음식의 위생 상태에 더더욱 신경을 썼습니다. 장어도 그날 들어온 장어만 사용했고, 복숭아도 새벽같이 시장에서 사온 싱싱한 복숭아만을 사용했지요. 그런데 배탈이라니요. 음식 재료에는 절대 비위생적이거나 건강을 해치는 재료가 없었습니다. 그러므로 피고 측은 원고 측의 피해를 책임질 수 없습니다.

 원고 측 변론 하십시오.

 식품 영양학 박사이신 뭐든알아 박사를 증인으로 요청합니다.

흰 가운을 입은 30대 후반의 여성이 증인석으로 나왔다.

증인은 식품 영양학을 연구하고 계시지요?

그렇습니다. 뭐든 물어보세요.

원고 측에서는 피고의 가게에서 장어를 먹고 배탈이 났다고 했습니다. 장어를 먹고 배탈이 날 수 있나요?

물론입니다. 장어는 약 20%의 지방과 단백질이 들어 있는 몸에 아주 좋은 고지방 영양 식품이지요. 그런데 아무리 몸에 좋은 장어라 해도 지나치게 많은 지방 성분이 소화에 부담을 줄 수 있고, 장을 자극해서 설사가 생기게 할 수 있지요. 특히 기름기가 적은 식사를 즐겨 하던 사람에게는 더욱 심하게 나타나죠.

장어에 복숭아를 더하면 어떨까요?

장어와 복숭아요? 전혀 어울리지 않아요. 복숭아의 특성 중 하나는 위를 통과하지 않고 바로 창자로 내려가는 유기산을 포함하고 있다는 거예요. 유기산이 위에서 소화되지 않은 상태에서 알칼리 상태인 장으로 그대로 내려가면 장을 자극하게 되지요. 가뜩이나 소화에 부담을 주는 장어의 고지방이 유기산을 만나 알칼리 상태인 장을 자극한다면 배탈이 날 수도 있어요.

잘 알겠습니다. 판사님, 피고는 얼마 전 가게 음식의 메뉴를 '장어와 복숭아의 만남'으로 바꾸었다고 했습니다. 이는 장어와 복숭아의 음식 궁합이 얼마나 맞지 않는지를 모르고 만

든 것이지요. 그 때문에 아무 것도 모르고 복숭아와 함께 장어를 먹은 손님들은 배탈이 날 수밖에 없었습니다. 손님들의 배탈의 원인이 피고 측의 가게 음식 때문인 것이 분명하므로 피고는 원고 측의 피해를 모두 배상해야 한다고 주장합니다.

판결합니다. 피고는 장어 요리에 복숭아를 함께 깎아 놔서 장어를 먹을 때 복숭아를 함께 먹도록 메뉴를 만들었습니다. 그로 인해 손님들은 배탈이 나고 복통을 호소하게 되었습니다. 원고 측의 피해는 피고 측의 음식에 원인이 있는 것으로 생각되므로 피고 측은 원고 측의 모든 피해를 배상할 것을 판결합니다. 또한, 더 이상 장어와 복숭아가 함께 나오는 메뉴는 판매할 수 없음을 알려드립니다.

재판이 끝나고 성시경 씨는 가게에 왔던 손님들에게 사과를 했다. 사건 이후 성시경 씨는 장어를 이용한 더 맛있는 음식을 만들기 위해 갖은 노력을 아끼지 않았다.

지방

지방은 글리세롤과 고급지방산이 결합된 것으로 탄수화물, 단백질과 더불어 우리 몸의 3대 영양소 중 하나이다. 지방은 탄수화물이나 단백질과 같은 양을 먹었을 때 이들보다 두 배 정도 더 많은 열량이 만들어진다.


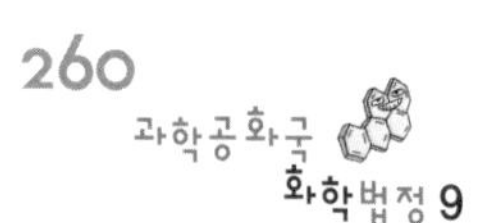

# 고구마 감기약

고구마를 먹으면 감기를 예방하는 데 도움이 될까요?

아이스크림을 너무나 좋아하는 라뚜루 군이 있었다. 라뚜루 군은 하루에 아이스크림을 꼭 하나씩은 먹어야 살 수 있다고 말할 정도로 아이스크림을 좋아했다. 그래서 여름에는 하루에 아이스크림을 몇 개씩 먹어 대는 바람에 라뚜루 군은 여름이면 배탈이 나지 않은 적이 없었다. 그러던 12월의 아주 추운 겨울. 하늘에서는 하얀 첫눈이 소복소복 내렸다.

"우와! 첫눈이다!"

라뚜루 군은 내리는 눈을 맞으며 어린아이처럼 좋아하고 있었다. 그리고 그때 무엇인가 번뜩 생각났는지 가까운 슈퍼로 달려갔다. 그리고 당장 아이스크림을 하나 샀다.

"이렇게 추운데 아이스크림 먹으면 감기 걸릴 텐데?"

가게 아주머니가 계산을 해 주며 걱정스럽다는 얼굴로 말했다.

"괜찮아요. 원래 이렇게 추울 때 먹는 아이스크림이 안 녹고 맛있어요!"

라뚜루 군은 괜찮다고 걱정 말라는 얼굴로 웃으며 슈퍼를 나왔다. 쭈쭈바 하나를 입에 물고 나와 맨손으로 눈사람도 만들고 눈으로 공도 만들며 재밌는 시간을 보냈다. 그리고 어느 정도 시간이 지나 아이스크림도 다 먹고 눈사람도 재미가 없어지자 집으로 향했다. 집으로 돌아오니 라뚜루 군의 코에서는 콧물 한 줄기가 흐르고 있었다.

"얘가 또 밖에서 놀았네!"

눈을 묻히고 돌아온 라뚜루 군을 보면서 라뚜루 군의 엄마가 말했다. 코에 콧물도 흐르는 걸 보니 감기가 든게 분명했다.

"콜록, 콜록."

신발을 벗고 집으로 들어오자마자 라뚜루 군은 기침을 하기 시작했다. 라뚜루 군의 엄마는 감기에 걸린 라뚜루에게 걱정스러운 목소리로 병원에 가자고 말했다.

"싫어. 주사 맞고 약 먹는거 싫단 말이야."

"그러면 요 앞에 새로 생긴 웰빙 한의원에 가 보자. 거기는 약도


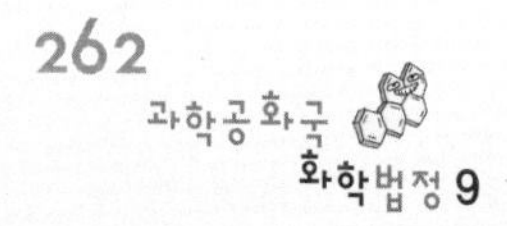

따로 안 준다고 하던데."

"진짜?"

웰빙 한의원에서는 주사는 물론 약도 따로 처방하지 않고 평소 먹는 음식으로 병을 치료한다고 홍보했던 한의원이었다. 그래서 라뚜루 군과 엄마는 당장 웰빙 한의원으로 가기로 했다. 그리고 가던 길에 웰빙 한의원 뒤에 있는 비닐하우스를 봤다.

"한의원에서 무슨 비닐하우스람?"

이상하다고 생각한 라뚜루의 엄마는 고개를 갸우뚱거리며 한의원 안으로 들어갔다. 웰빙 한의원 안은 아름다운 자연의 느낌을 그대로 받을 수 있게 꾸며져 있었다. 한 쪽에 마련된 꽃들과 자갈, 그리고 많은 화분들까지 신선함을 느낄 수 있었다. 그리고 다른 한 쪽에는 주방 같은 곳이 있었다. 가스레인지와 냉장고, 여러 과일과 채소들이 있는 곳이었다. 그렇게 라뚜루와 엄마가 한의원을 둘러보고 있을 때 웰빙 한의원 원장인 다고쳐 한의사가 나왔다.

"라뚜루 군, 들어오세요."

라뚜루 군과 엄마는 진료실로 들어갔다.

"어디가 아파서 오셨나요?"

흰 가운을 입은 다고쳐 한의사가 라뚜루 군을 맞은편에 앉히고 자상하게 물었다. 그러자 라뚜루 군의 뒤에 있던 엄마가 대신 대답했다.

"얘가 한겨울에 아이스크림을 먹고 감기가 들어서요."

"아, 감기요? 어디 한번 봅시다."

다고쳐한의사는 라뚜루의 손목 위에 손가락을 올리고 조용히 라뚜루의 맥박을 확인했다. 그리고 열이 나는지 체크하고 라뚜루에게 감기에 관련된 이것저것을 물었다.

"콧물도 나니? 음, 그래. 감기가 확실하구나."

다고쳐 한의사는 진료기록에 알아볼 수 없는 글씨로 무언가를 적으며 라뚜루에게 말했다. 그때 라뚜루가 여전히 의심이 되는지 작은 목소리로 다고쳐 씨에게 물었다.

"여기 약 주는 곳 아니죠?"

"그럼. 따로 약을 주진 않을 거야."

라뚜루의 작은 물음에 다고쳐 씨는 호탕하게 웃으며 말했고, 그 소리를 들은 라뚜루는 안심을 했는지 손으로 가슴을 쓸어 내렸다. 곧 다고쳐 씨는 진료기록을 다 적은 듯 펜을 내려놓고 라뚜루 엄마에게 처방에 대해서 말했다.

"제가 라뚜루의 감기에 맞는 처방 요리를 해오겠습니다. 잠시만 기다리고 계세요."

요리를 해 준다는 말에 라뚜루와 엄마는 신기해 하면서도 다고쳐 씨가 어떤 요리를 해 올지 궁금했다. 맛있는 냄새가 솔솔 풍기고 어느 정도 시간이 지나자 다고쳐 한의사가 큰 냄비를 들고 돌아 왔다.

"이게 뭔가요?"

"네, 고구마를 삶은 겁니다."

"고구마요?"

라뚜루 군의 엄마는 놀라워하며 말했다.

"저희 한의원 뒤에 밭이 있는 것 보셨나요? 저희가 뒤에 고구마 농장을 가지고 있거든요. 거기서 바로 캐낸 고구마를 삶아 온 겁니다."

다고쳐 씨는 자랑스럽게 얘기하고 뚜껑을 열었다. 그러자 안에 있던 새하얀 김이 한꺼번에 나와 라뚜루의 안경에 하얗게 김이 서렸다. 그리고 그 안에는 나란히 누워 있는 고구마가 보였다.

"고구마가 감기랑 무슨 상관이에요?"

그냥 먹으라고 가져온 것 같지는 않고, 이게 처방이라고는 생각하지 못한 라뚜루 엄마가 말했다. 그러자 다고쳐 씨가 웃으며 고구마 하나를 꺼내 껍질을 벗기고 라뚜루에게 건넸다.

"고구마가 감기에 좋아요"

"고구마가요? 설령, 고구마가 좋다고 해도 삶으면 안 되는 거 아닌가요?"

라뚜루 엄마는 지난주에 아침 프로그램에서 본 내용이 생각났다. 채소나 과일은 삶으면 좋은 영양소가 다 파괴되기 때문에 되도록 생것으로 먹는 게 좋다고 전문가가 알려 줬던 내용이었다.

"삶으면 안 된다니요?"

"고구마가 감기에 좋다고 해도 생걸 먹어야죠. 이렇게 삶으면 좋은 영양분이 파괴되잖아요."

"아니요. 그건 그렇지 않습니다."

전문가가 말했던 것이기에 자신의 생각에 확신이 있었던 라뚜루 군의 엄마가 자신 있게 말했지만 다고쳐 씨는 웃으며 그건 잘못된 생각이라고만 말했다.

"고구마는 이렇게 먹는 것이 훨씬 좋습니다."

"저도 어느 정도의 상식은 가지고 있는 사람이에요! 분명 삶지 않고 그냥 먹는 게 좋다니까요!"

"잘못 알고 계신 거라니까요."

이렇게 옥신각신 다투던 둘은 확실한 답이 나오지 않자 이 문제를 화학법정에 맡겨서 누구 말이 맞는지 알아보기로 했다.

고구마 100그램 속에는 30밀리그램이나 되는 비타민 C가 들어있어서
고구마를 먹으면 감기 예방에 도움이 됩니다.

감기 예방에 고구마가
효과가 있을까요?
화학법정에서 알아봅시다.

 재판을 시작하겠습니다. 원고측 변론해 주세요.

 원고는 아들이 감기에 걸려서 피고의 한의원에 찾아갔습니다. 평소 약과 주사를 주지 않기로 소문이 나 있던 한의원이라 신기하게 생각했지요. 그런데 감기에 걸린 원고의 아들에게 피고가 처방한 음식은 고구마였습니다. 원고는 한의원에 찾아가기 얼마 전에 텔레비전에서 채소나 과일은 삶으면 좋은 영양소가 다 파괴된다는 것을 보고 기억하고 있었습니다. 그래서 고구마를 삶아서 가지고 온 한의사에게 생으로 먹어야 되는 것이 아니냐고 물었지요. 그런데 한의사는 삶아 먹어도 상관이 없다고 했습니다. 그렇다면 텔레비전에서 가르쳐 준 정보가 잘못되었다는 말입니까?

 피고 측 변론하세요.

 가정학과 교수이신 다소곳해 교수를 증인으로 요청합니다.

머리를 핀으로 곧게 묶은 30대의 한 여성이 증인석으로 나왔다.

증인은 가정학과 교수이십니다. 그렇다면 영양소에 대해 잘 알고 계십니까?

물론입니다.

고구마가 감기에 좋다는 것이 사실입니까?

그렇습니다. 고구마는 100그램 속에 30밀리그램이나 되는 비타민 C가 들어있습니다. 따라서 감기 예방에도 도움이 되지요.

그렇군요. 그렇다면 고구마를 쪘을 때도 그 영양소가 보존이 됩니까?

거의 90%는 파괴되지 않고 남습니다. 생고구마는 별로 달지 않은데 고구마를 찌면 단 맛이 나지요. 그것은 고구마를 찌거나 구우면 고구마 속에 있는 전분이 효소의 작용과 함께 열을 받아 분해되면서 당이 만들어지기 때문입니다. 온도가 높을수록 전분이 활발하게 분해되기 때문에 고구마에 오랜 시간 동안 열을 가해야 단 맛이 제대로 나게 됩니다. 그래서 아주 짧은 시간에 속부터 열을 가해 데우게 되는 전자레인지로 고구마를 찌면 단 맛이 제대로 나지 않지요. 고구마는 찌거나 구워낸 상태에서도 비타민이 파괴되지 않고 약 90퍼센트 정도 남기 때문에 감기 예방책으로 고구마를 먹을 때는 쪄서 먹는 것이 단 맛이 나는 고구마를 먹으면서도 비타민을 섭취할 수 있는 방법이지요.

고구마를 찌더라도 영양소가 사라지지 않는군요.

과일이나 농산물들이 흔히 그렇지만 고구마 껍질에도 사람에게 좋은 성분이 들어있어요. 고구마 껍질에는 소화효소도 들어있으므로 소화가 안 되는 사람에게는 도움이 되죠.

네, 잘 알겠습니다. 이번 사건에서 중요한 핵심이었던 영양소 파괴에 대한 질문에 답이 되었습니다. 판사님, 증인의 말에 따르면 고구마를 쪘을 때도 고구마에 있는 영양소는 잘 파괴되지 않습니다. 따라서 피고가 했던 처방은 맞는 처방이었습니다. 어린 원고의 아들은 단 맛을 좋아할 테니 오히려 더 맛있게 먹을 수 있는 방법이었습니다. 따라서 피고의 처방이 잘못되지 않았음을 주장합니다.

판결합니다. 고구마는 그 속에 들어있는 비타민 C로 인해 감기 예방에 도움이 됩니다. 그런데다 고구마는 조리를 하더라도 그 영양소가 90% 이상 남게 되므로 피고의 처방은 맞는 처방이었다고 생각됩니다. 따라서 원고는 피고의 처방대로 삶은 고구마를 약 대신으로 사용하시길 바랍니다. 재판을 마치겠습니다.

비타민은 우리 몸에 필요한 양은 매우 적지만, 체내 물질의 대사 과정이나 생리적인 기능을 조절하는데 없어서는 안 될 영양소입니다. 비타민은 크게 물에 녹는 수용성 비타민과 지방 등 유기물질을 녹이는 용매에 잘 녹는 지용성 비타민으로 나누어집니다.

재판 후, 라뚜루 군의 엄마는 라뚜루 군의 감기 예방을 위해 한의사의 말대로 삶은 고구마를 먹였다. 얕은 상식으로 무조건 화를 낸 것에 대해 한의사에게 사과를 하는 것도 잊지 않았다.

## 음식 궁합

오이와 당근은 상극이다. 오이가 몸에 좋고 당근 역시 몸에 좋지만 두 개를 함께 먹는 것은 건강에 좋지 않다. 당근의 비타민 A의 주요 성분인 카로틴이 가지고 있는 아스코르비나제는 오이에 함유되어 있는 비타민 C를 파괴한다. 이것은 무에도 들어 있어서 오이와 무 역시 함께 먹지 않는 것이 좋다. 만일 어쩔 수 없이 두 음식을 함께 먹어야 한다면 재료들을 섞기 전에 식초를 넣으면 약간 도움이 된다. 아스코르비나제가 산에 약하기 때문이다.

그밖에 로열 젤리와 매실, 홍차와 꿀, 스테이크와 버터 등은 서로 상극인 음식들이다. 매실의 유기산이 로열 젤리의 활성물질과 만나면 갑작스런 산도의 변화를 일으켜 로열 젤리와 매실의 유익한 특성이 줄어든다. 또, 홍차에 꿀을 타면 영양 손실이 생겨 좋지 않고, 스테이크와 버터를 함께 먹으면 버터의 높은 콜레스테롤 함량이 원래 가지고 있던 스테이크의 콜레스테롤과 만나 과도한 콜레스테롤의 섭취로 이어질 수 있기 때문에 좋지 않다.

반대로 불고기와 들깻잎, 스테이크와 파인애플, 돼지고기와 새우젓 등은 환상의 궁합을 가진 음식들이다. 들깻잎은 쇠고기의 콜레스테롤이 혈관에 붙는 것을 막아 주고 변비도 예방해 주기 때문이다. 또한 스테이크가 부드럽게 소화될 수 있도록 파인애플이 도와 주므로 둘을 함께 먹으면 좋고, 새우젓은 돼지고기의 맛을 더하고 새우젓의 프로타아제 성분이 소화제 구실을 하므로 좋은 궁합을 가진 음식이다.

## 과학성적 끌어올리기

### 독버섯

흔히들 독버섯에 대해 몇 가지씩은 오해를 하고 있다. 그 첫째가 독버섯은 화려하다는 소문이다. 하지만 그건 사실이 아니다. 화려한 버섯보다는 오히려 수수한 것 중에 독버섯이 더 많기 때문이다. 네로황제가 즐겨 먹었다는 이른바 달걀버섯은 그 어느 것보다 화려한 색을 자랑하지만 이는 약용 버섯이다. 또 다른 오해는 술을 잘 마시는 사람은 독버섯의 독에 강하다는 건데, 이것 역시 사실이 아니다. 먹물버섯이나 배불뚝이버섯 등은 술과 함께 먹으면 바로 중독이 되는 무시무시한 존재들이기 때문이다. 또, 곤충이나 동물들이 먹으면 독버섯이 아니라는 말도 있는데 그것 역시 사실이 아니다.

# 화학과 친해지세요

이 책을 쓰면서 좀 고민이 되었습니다. 과연 누구를 위해 이 책을 쓸 것인지 난감했거든요. 처음에는 대학생과 성인을 대상으로 쓰려고 했습니다. 그러다 생각을 바꾸었습니다. 화학과 관련된 생활 속 이야기가 초등학생과 중학생에게도 흥미 있을 거라는 생각에서였지요.

초등학생과 중학생은 앞으로 우리나라가 선진국으로 발돋움하기 위해 꼭 필요한 과학 꿈나무들입니다. 그리고 지금과 같은 과학의 시대에 큰 기여를 하게 될 과목이 바로 화학입니다.

하지만 지금 우리의 화학 교육은 실질적인 실험보다는 교과서를 달달 외워 높은 시험 점수를 받는 것에 맞추어져 있습니다. 과연 이러한 환경에서 노벨 화학상 수상자가 나올 수 있을까 하는 의문이 들 정도로 심각한 상황에 놓여 있습니다.

저는 부족하지만 생활 속의 화학을 학생 여러분들의 눈높이에 맞추고 싶었습니다. 화학은 먼 곳에 있는 것이 아니라 바로 우리 주변 가까이에 있으며, 잘 활용하면 매우 유용한 학문인 만큼 화학에 대한 열정을 갖고 더 열심히 공부해 주기를 바랍니다.